# Beanspruchung und Durchhang von Freileitungen.

## Unterlagen für Projektierung und Montage.

Von

### Robert Weil.
Dipl.-Ing.

Mit 42 Textfiguren und 3 Tafeln.

Springer-Verlag Berlin Heidelberg GmbH 1910

Additional material to this book can be downloaded from http://extras.springer.com

ISBN 978-3-662-39242-3          ISBN 978-3-662-40256-6 (eBook)
DOI 10.1007/978-3-662-40256-6

Meinem lieben Bruder

# Maxime Weil.

# Vorwort.

Der Kernpunkt aller Untersuchungen über die Beanspruchung und den Durchhang von Freileitungen liegt in der Berücksichtigung der Verhältnisse, die sich als Zustandsänderung eines gespannten Drahtes infolge der Veränderung der Zusatzbelastung ergeben. Die früheren Arbeiten auf diesem Gebiete berücksichtigen jedoch diesen Punkt nur vereinzelt. Soweit es der Fall ist, folgen die angegebenen Methoden naturgemäß einem und demselben Gesetz, das in der vorliegenden Arbeit durch die „Grundgleichungen" Ausdruck findet.

Wenn auch anzunehmen ist, daß die letzteren bereits früher aufgestellt worden sind, so bleibt doch auffällig, daß wichtige Gesetze, die sich mit Leichtigkeit aus denselben ableiten lassen, nicht bekannt sind.

Dem Verfasser waren zur Klarstellung der verschiedenen Fragen auf diesem Gebiete eine Reihe von Aufgaben gestellt, die sich in folgende Punkte zusammenfassen lassen:

1. Aufstellung der analytischen Ausdrücke für eine Zustandsänderung eines beliebigen Leitungsdrahtes bei veränderlicher Temperatur und veränderlicher Zusatzbelastung.

2. Ableitung der Gesetze über das Auftreten der maximalen Beanspruchung und des maximalen Durchhangs.

3. Angabe von Formeln zur Berechnung aller vorkommenden Aufgaben auf dem Gebiete.

4. Herleitung einer rationellen Methode zur möglichst schnellen Lösung der wichtigsten Aufgaben. (Mit besonderer Berücksichtigung des Übergangs von einem Belastungszustand zu einem anderen.)

5. Angabe der Rechnungsweise in Sonderfällen (Stützpunkte verschiedener Höhe und bewegliche Stützpunkte).

Soweit hierzu schon bekannte Beziehungen verwendet werden konnten, wurde dies in der Arbeit selbst besonders vermerkt.

Berlin, Herbst 1910.

Der Verfasser.

# Inhaltsverzeichnis.

# I. Der Ausgangspunkt bei allen Freileitungsberechnungen.

Soll eine Leitung, die über erhöhte Stützpunkte hinweggeführt wird, in mechanischer Hinsicht beurteilt werden, so sind vor allem ihr Durchhang und ihre Beanspruchung ins Auge zu fassen. Diese zwei Größen stehen in einem bestimmten Zusammenhang zueinander. Das folgende Experiment ist allgemein bekannt: Wird ein Draht an seinem einen Ende befestigt und durch Zug an seinem anderen Ende gespannt, so wird der Durchhang um so geringer, je größer der Zug ist. Das Verhältnis zwischen Zug und Durchhang ist jedoch kein einfaches. Die Änderung des Zuges und mit ihm auch der Beanspruchung, die sich als Zug pro Querschnittseinheit definiert, wirkt nämlich auch indirekt auf den Durchhang ein und zwar dadurch, daß die mechanische Dehnung bei Ansteigen oder Fallen der Beanspruchung eine Längenänderung des Drahtes bedingt, die naturgemäß auf die Größe des Durchhanges rückwirkend sein muß. Die Dehnung bewirkt, daß der stärker gespannte Draht sich verlängert und deshalb nicht ganz den kleineren Durchhang annimmt, der sich einstellen würde, wenn die Erhöhung des Zuges auf ein unter diesem Einfluß unveränderliches Material wirkte. Umgekehrt verhindert die veränderte Dehnung bei geringerem Zug, daß ein Durchhang erreicht wird, den man ohne Berücksichtigung dieses Umstandes erwarten würde. Alle gebräuchlichen Leitungsmaterialien ändern ihre Länge im Bereich der bei der Befestigung der Drähte an den Isolatoren auftretenden Züge proportional den Beanspruchungen. Unter dieser Voraussetzung ist dieser Einfluß in einem Gesetz für die Änderung einer der Größen, der Beanspruchung und des Durchhanges, aufzunehmen. Es folgt daraus, daß die Art des verwendeten Materials darin Berücksichtigung finden muß.

Den beiden Größen Beanspruchung und Durchhang sind technisch nach oben und unten Grenzen gesetzt. Bei Führung der Leitung über Maste ist bei gegebener Höhe derselben und der Mindesthöhe der Leitungen über Erde der größte Durchhang festgelegt.

Bei Spannen der Leitung über ein Tal oder Führung derselben über Häuser ist allerdings diese Rücksicht hinfällig. Eine Beschränkung des Durchhanges ist aber auch hier zur Vermeidung einer zu großen Annäherung zweier Leitungen, deren Stützpunkte nahe beieinander liegen, infolge des Pendelns bei starkem Wind geboten. Andererseits ist die Erhöhung der Beanspruchung und mit ihr eine Verminderung des Durchhangs nur bis zu dem Punkte möglich, der durch die Festigkeit des Materials unter Zugrundelegung einer bestimmten Sicherheit gegeben ist.

Es ist nun für die beiden fraglichen Größen typisch und in Praxis von größter Bedeutung, daß ihre Werte, die ihnen durch Befestigen der Leitungen einmal gegeben wurden, nicht konstant bleiben, sondern sich in starkem Maße verändern. Und zwar sind es zwei Faktoren, die hierbei eine wesentliche Rolle spielen, die Temperatur und die Zusatzbelastung.

Eine Erhöhung der Temperatur bewirkt durch die Wärmeausdehnung eine Vergrößerung des Durchhanges, wobei als weitere Folge sich eine Verringerung der Beanspruchung ergibt. Dieser letztere Umstand ist selbst, wie oben dargelegt, infolge der Dehnung auf den Durchhang rückwirkend.

Unter Zusatzbelastung versteht man die durch atmosphärische Einflüsse, Wind oder Eis, zu dem Eigengewicht des Drahtes noch hinzutretenden Belastungen. Ändert sich diese Zusatzlast, so ändert sich im gleichen Sinne die Beanspruchung und durch die veränderte Dehnung des Drahtes auch der Durchhang.

Sind die Stützpunkte der Leitungen nicht feste Punkte, sondern z. B. infolge Durchbiegung der Maste beweglich, so haben wir hierin ein neues Moment für große Änderung der Werte Durchhang und Beanspruchung. Wir werden auf diese Verhältnisse in einem besonderen Kapitel zurückkommen. Zunächst seien nur die Verhältnisse betrachtet, wie sie sich an einer Leitung mit festen Stützpunkten ergeben.

In der Regel geht man bei der Projektierung einer Freileitungsanlage von dem Grundsatze aus, den Durchhang der Leitungen so gering wie möglich zu halten, um dadurch möglichst niedrige Maste aufstellen zu können. Man geht dann eben mit der Beanspruchung möglichst hoch, und zwar strebt man an, daß im ungünstigsten Falle der gestellte Sicherheitsgrad für die Festigkeit der Leitungen eben erreicht wird. Dadurch wird das Material in zulässiger Weise voll ausgenützt, und die Anlagekosten werden nach Möglichkeit verringert. Es geht aber daraus hervor, daß für unsere Berechnungen vor allen Dingen die Beanspruchung ins Auge zu fassen ist, um erst die Verhältnisse für den Durchhang danach abzuleiten. Man kann genauer die uns gestellte Aufgabe wie folgt definieren: Wenn für die Beanspruchung in dem Augenblick, wo sie ihren maximalen Wert erreicht, auch gerade der höchst zulässige für sie gesetzt wird, wie ändert sich die Beanspruchung und damit der Durchhang mit der Temperatur und der Zusatzlast? Dieser Fall der maximalen Beanspruchung ist mit anderen Worten der Ausgangspunkt für unsere Rechnungen.

Diese Überlegungen aber führen zur näheren Betrachtung der Grenzen, in denen sich die Temperatur und die Zusatzlast ändern. Die klimatischen Verhältnisse, soweit sie hierfür in Betracht kommen, weichen bekanntlich in den verschiedenen Zonen wesentlich voneinander ab. Wenn in Mitteleuropa und in nördlichen Ländern die größte Zusatzbelastung im Reif oder Schnee zu suchen ist, so ergibt sie sich für die Tropen und in südlichen Küstengebieten im Winde, so daß in diesen verschiedenen Gegenden die maximale Zusatzlast nicht bei der gleichen Temperatur auftreten wird und auch in der Größe in weiten Grenzen variieren kann. Auch die Temperatur, die der Draht infolge der Lufttemperatur und Sonnenbestrahlung annehmen kann, wechselt bei kontinentalem Klima in weit größerem Umfange als in Gegenden mit gemäßigtem Klima.

Für Mitteleuropa, das uns hier speziell interessiert, gelten als Grundlagen für die Bestimmung der fraglichen Größen die „Normalien für Freileitungen" des Verbandes Deutscher Elektrotechniker, gültig vom 1. Januar 1908. In diesen heißt es unter 1b:

„Den Festigkeitsrechnungen ist das eine Mal eine Temperatur von $-20^0$ C ohne zusätzliche Belastung, das andere Mal eine Temperatur von $-5^0$ C und eine Belastung durch Eis zugrunde zu legen. Das Gewicht des Eises ist hierbei gleich $0,015\,q$ kg pro Meter einzusetzen, wobei $q$ den Querschnitt der Leitung in Quadratmillimetern bedeutet. In keinem Falle darf die Beanspruchung des Leitungsmaterials die unter a) festgesetzte Höchstbeanspruchung überschreiten." (Abschnitt a behandelt den zuzulassenden Sicherheitsgrad für Kupfer- und Aluminiumdraht.)

Nehmen wir hierzu die maximal vorkommende Temperatur des Leitungsdrahtes zu $+40^0$ C an, so sind hiermit die Grenzen für die Temperaturänderung, der Höchstwert der Zusatzlast und die Temperatur, wo dieser auftritt, als Grundlage für die Rechnungen festgelegt.

Wie aus dem Wortlaut der Normalien hervorgeht, ist jener wichtige Fall, wo die Höchstbeanspruchung auftritt, nicht ohne weiteres bestimmt, und zwar spielt hierbei, wie sich aus den „Erläuterungen zu den Normalien für Freileitungen"[1]) schließen läßt, die Spannweite eine gewisse Rolle. Es heißt da:

„Es wurde versucht, die Beanspruchung der Leitung durch möglichst einfache Berechnung zu ermitteln; leider hat sich dies als nicht ausführbar erwiesen, da die ungünstigste Beanspruchung der Leitungen je nach der Spannweite eine grundsätzlich verschiedene ist. Allgemein kann man sagen, daß die Höchstbeanspruchung bei Spannweiten unter 50 m etwa bei einer Temperatur von — 20 ° C liegt, während sie bei Spannweiten über 50 m bei der angegebenen Eislast eintritt."

Es erhellt aus vorstehendem, daß die Festlegung dieser Beziehung zwischen Höchstbeanspruchung und Spannweite unsere erste Aufgabe sein muß, da ja die Höchstbeanspruchung selbst die Basis unserer Rechnung bilden soll, also vor allen Dingen der Zeitpunkt ihres Auftretens bekannt sein muß.

Als unsere eigentliche Aufgabe ergibt sich dann, wenn diese Voraussetzungen erfüllt sind, die Größen Beanspruchung und Durchhang für jede Temperatur und jeden Belastungsfall, speziell die Belastung durch Eigengewicht allein, festzustellen.

Aus dem oben aufgeführten Abschnitt aus den „Erläuterungen" zu den Normalien des V. D. E. geht ferner hervor, daß für die größeren Spannweiten, die nicht nur die normal vorkommenden sind, sondern auch infolge der größeren Durchhänge, die bei ihnen auftreten, besonders eine genaue rechnerische Verfolgung der Verhältnisse erfordern, der Zusatzlast in den anzustellenden Rechnungen eine besondere Rolle zufällt. Wir werden infolgedessen dieser letzteren unser Hauptaugenmerk zuwenden müssen.

Im Gegensatz zu früheren Autoren[2]) wird in dieser Arbeit der Schwerpunkt auf die rechnerische Lösung der vorliegenden Aufgabe gelegt, weil nur durch sie eine Klärung der ganzen Verhältnisse möglich ist. Außerdem wird zur schnelleren Bestimmung der hier in Betracht kommenden Größen eine graphische Methode entwickelt, die vor früheren den Vorzug größerer Einfachheit und Genauigkeit aufweist.

Wir führen die Genauigkeit in zweiter Linie an, weil ihr, wie vorweg bemerkt sein möge, in praxi keine besondere Bedeutung zufällt. In der Regel geht man in der Festlegung der Materialkonstanten zu unsicher, um genaue Resultate erhalten zu können. Anders liegt das freilich z. B. bei vergleichenden Untersuchungen, aber dann dürfte auch nur die rechnerische Methode am Platze sein.

---

[1]) ETZ 1907, S. 811.

[2]) S. speziell die Methode von Blondel-Nicolaus, ETZ 1907, S. 876 ff., die heute allgemeine Verwendung findet. S. auch da betr. älterer Literatur.

# II. Die Grundgleichungen.

Wir werden die Aufgabe zunächst ganz allgemein fassen und den Ausdruck für irgendeine Zustandsänderung des Drahtes in bezug auf die Beanspruchung und den Durchhang bei variabler Temperatur und Zusatzlast festlegen.

Es möge bedeuten:[1]

$x$ die Spannweite oder den Abstand zwischen 2 Masten in cm,

$p$ die Beanspruchung in kg/qcm in einem beliebigen Belastungsfall,

$p_0$ die Beanspruchung des Materials in einem bestimmten Belastungsfall, der gleichzeitig der Ausgangspunkt für die anzustellenden Untersuchungen sein soll, in kg/qcm,

$p_{max}$ die höchst zulässige Beanspruchung des Materials in kg/qcm,

$f$ der Durchhang in cm bei der Beanspruchung $p$,

$f_0$ ,, ,, ,, ,, ,, ,, ,, $p_0$,

$f_{max}$ ,, ,, im Maximum,

$P$ der im Draht wirkende Gesamtzug in kg,

$q$ der Querschnitt in qcm,

$l$ die Länge der Leitung zwischen 2 Masten in cm bei $p$,

$l_0$ ,, ,, ,, ,, ,, 2 ,, ,, ,, ,, $p_0$,

$\delta$ das Eigengewicht der Leitung in kg pro qcm und lfd. cm in kg/cm³,

$\zeta$ die Zusatzlast in kg pro qcm und lfd. cm in kg/cm³,

$\varrho = \delta + \zeta$ (geometrisch) die Resultierende aus dem Eigengewicht der Leitung und der Zusatzlast in kg/qcm und lfd. cm bei $p$,

$\varrho_0$ do. bei $p_0$ und der Zusatzlast $\zeta_0$,

$\varrho_{max}$ do. bei der maximalen Zusatzlast $\zeta_{max}$,

$t$ die Temperatur in ⁰ C bei $p$,

$t_0$ ,, ,, ,, ,, ,, $p_0$,

$t_{max}$ die maximal vorkommende Temperatur,

$\vartheta$ der Wärmeausdehnungskoeffizient pro 1⁰ C,

$\alpha$ die Dehnung in cm²/kg.

---

[1] Wir haben die Bezeichnungen beibehalten, mit der die Blondel-Nicolaussche Methode dargelegt wird, um denjenigen, die sich schon früher mit dieser Frage befaßt haben, das Lesen der vorliegenden Abhandlung zu erleichtern.

Es sei vor allem an einige bekannte Grundbeziehungen zwischen den oben aufgeführten Größen erinnert, die wir in der Folge öfters gebrauchen können.

Betrachten wir von der Leitung einen Strang mit der Flächeneinheit als Querschnitt, so ergibt die Momentensumme um einen Stützpunkt, wenn der Draht pro laufenden cm und pro qcm Querschnitt mit $\varrho$ kg belastet ist, entsprechend Fig. 1:

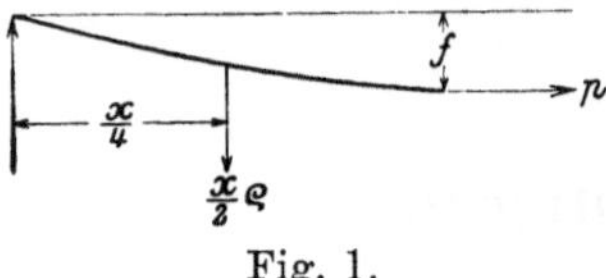

Fig. 1.

$$f = \frac{\varrho\,x^2}{8\,p} \quad \ldots \ldots \quad \text{(a)}$$

Die Gleichung gilt ganz unabhängig von der Temperatur in irgendeinem Dehnungszustande des Drahtes. Es gilt somit speziell

$$f = \frac{\delta \cdot x^2}{8\,p},$$

wenn der Draht nur durch Eigenlast beansprucht wird.

Aus der Definition der einzelnen Größen folgt ohne weiteres:

$$P = q \cdot p \quad \ldots \ldots \ldots \quad \text{(b)}$$

Um einen Ausdruck für die Länge der Leitung zwischen den beiden Stützpunkten zu erhalten, betrachten wir die Durchhangskurve in üblicher Weise als Parabel. Es ist dies eine vollständig zulässige Annäherung, die ·die Rechnung einfacher gestaltet, als dies unter Zugrundelegung der bei einem vollständig flexiblen Draht richtigeren Kettenlinie möglich wäre. Wir haben für die Länge eines Parabelbogens, wenn, wie im vorliegenden Falle, $f$ und $\dfrac{x}{2}$ die Variablen der Scheitelgleichung sind, den Ausdruck für die Bogenlänge:

$$\frac{l}{2} = \frac{x}{2}\left[1 + \frac{2}{3}\left(\frac{f}{x/2}\right)^2 - \frac{2}{5}\left(\frac{f}{x/2}\right)^4 + \ldots\right].$$

Da wir es hier immer mit sehr flachen Parabeln zu tun haben und infolgedessen $f$ im Verhältnis zu $x/2$ sehr klein ist, so können wir die Glieder mit der 4. und höheren Potenzen vernachlässigen. Wir erhalten somit die Beziehung:

$$l = x + \frac{8}{3} \cdot \frac{f^2}{x} \quad \ldots \ldots \ldots \quad \text{(c)}$$

die ebenfalls allgemeine Gültigkeit besitzt. Speziell ist

$$l_0 = x + \frac{8}{3} \cdot \frac{f_0^2}{x}.$$

Hiermit sind alle Unterlagen zur Lösung unserer Aufgabe gegeben.

Wir haben ganz allgemein für eine Zustandsänderung von zusammengehörigen $l_0$, $p_0$, $t_0$ zu zusammengehörigen $l$, $p$, $t$ folgenden Ausdruck:

$$l - l_0 = (t - t_0)\,\vartheta\, l_0 + (p - p_0)\,\alpha\, l_0,$$

der durch die Definition der Koeffizienten gegeben ist. Hierbei ist an die Änderung der Temperatur und der Beanspruchung keinerlei Bedingung geknüpft. Wir setzen in der linken Seite der obigen Gleichung nach (c) für $l$ und $l_0$ die entsprechenden Werte in Funktion von $f$ und $f_0$ ein, wobei in der Änderung des Durchhanges von $f_0$ zu $f$ die Einwirkung der Zusatzlast berücksichtigt sei, die sich ebenfalls entsprechend $\varrho_0$ nach $\varrho$ geändert haben möge. Damit erhalten wir

$$x + \frac{8}{3}\cdot\frac{f^2}{x} - x - \frac{8}{3}\frac{f_0^2}{x} = (t - t_0)\,\vartheta\, l_0 + (p - p_0)\,\alpha\, l_0$$

oder

$$\frac{8}{3\,x^2}\,(f^2 - f_0^2) = (t - t_0)\,\vartheta\,\frac{l_0}{x} + (p - p_0)\,\alpha\,\frac{l_0}{x}.$$

Da in praxi der Durchhang, der $l_0$ entspricht, im Verhältnis zur Spannweite sehr klein ist, so ist $l_0$ von $x$ nur wenig verschieden. Es kann demnach praktisch $\dfrac{l_0}{x} = 1$ gesetzt werden. Somit

$$\frac{8}{3\,x^2}\,(f^2 - f_0^2) = (t - t_0)\,\vartheta - (p_0 - p)\,\alpha \quad . \quad . \ (1)$$

aus (1) mit (a) kommt:

$$\frac{1}{24}\left(\frac{\varrho^2}{p^2} - \frac{\varrho_0^2}{p_0^2}\right) x^2 = (t - t_0)\,\vartheta - (p_0 - p)\,\alpha \quad . \quad . \ (2)$$

Gl. (1) läßt sich auch schreiben, wenn $f_0 = \dfrac{\varrho_0}{8\,p_0}\,x^2$ und $p = \dfrac{\varrho\cdot x^2}{8\,f}$ gesetzt wird:

$$\frac{8}{3\,x^2}\left(f^2 - \frac{\varrho_0^2}{8^2\,p_0^2}\cdot x^4\right) = (t - t_0)\,\vartheta - \left(p_0 - \frac{\varrho\cdot x^2}{8\,f}\right)\alpha \quad . \ (3)$$

Diese Beziehungen sind die Grundgleichungen für unsere Rechnungen. Sie gelten allgemein für jede Spannweite $x$. Legen wir irgendein Material zugrunde, wodurch $\delta$, $\vartheta$ und $\alpha$ konstant, und stellen wir ferner die Bedingung, daß bei einer bestimmten Temperatur $t_0$ und bei einer Gesamtbelastung des Drahtes gleich $\varrho_0$ die maximal zulässige Beanspruchung $p_0 = p_{max}$ im Draht auftritt, so haben wir in Gl. (2) einen Ausdruck für die Beanspruchung einer Leitung mit der Spannweite $x$ bei irgendeiner Temperatur $t$ und irgendeiner Belastung $\varrho$. Für $x = \text{konst.}$ wird (2) $Fu\,(p,\,t)$; für $t = \text{konst.}$ hingegen $Fu\,(p,\,x)$. Bei (3) sind in ähnlicher Weise $x$, $t$ und $f$ variabel.

Mit diesen Gleichungen lassen sich die vorliegenden Aufgaben lösen.

# III. Die wichtigsten Gesetze über Maximalbeanspruchung und Maximaldurchhang.

Entsprechend den Ausführungen des Kapitels I sollen für ein beliebiges, zur Verwendung kommendes Material für irgendeine Spannweite $x$ bei den verschiedenen Temperaturen $t$ die Größen für den Durchhang $f$ und die Beanspruchung $p$ festgestellt werden, unter der Voraussetzung, daß der Draht so gespannt sei, daß die maximal auftretende Beanspruchung gerade den höchst zulässigen Wert $p_{max}$ für das Material erreicht. Und zwar sollen allen folgenden Untersuchungen zunächst die Verhältnisse in Mitteleuropa zugrunde gelegt werden, für die die Vorschriften des V.D.E. maßgebend sind.

Dies geschieht vornehmlich zu dem Zwecke, diese Darlegungen einfacher und präziser zu gestalten. Es werden trotzdem alle Rechnungen über allgemein gültige Formeln geführt, die auch für andere Voraussetzungen ohne weiteres verwendbar sind.

Es ist, wie wir sahen, zunächst festzustellen, wann die Maximalbeanspruchung auftritt. Es sei angenommen, daß ein Draht so gespannt wurde, daß er bei der Belastung $\varrho_0 = \delta + 0,015$ kg/cm³ und $- 5^0$ eine Beanspruchung von $p_0 = p_{max}$ erfährt. Geht nun die Belastung auf den Wert $\varrho = \delta$ herunter, so verringert sich, wenn die Temperatur konstant bleibt, dadurch auch die Beanspruchung; sinkt jedoch die Temperatur, so wird die Beanspruchung wieder steigen. Es ist zu untersuchen, unter welchen Verhältnissen die Beanspruchung bei der niedrigsten Temperatur $t_{min} = - 20^0$ und bei Abwesenheit von Zusatzbelastung gerade wieder den Wert $p_0$ erreicht, dem derselbe Draht bei der maximalen Zusatzbelastung und $- 5^0$ bereits ausgesetzt war. Mit $p = p_0 = p_{max}$ wird Gl. (2)

$$\frac{1}{24}\left(\varrho^2 - \varrho_{max}^2\right)\left(\frac{x_p}{p_{max}}\right)^2 = (t - t_0)\,\vartheta$$

oder

$$x_p = p_{max}\sqrt{24\,\vartheta \cdot \frac{t_0 - t}{\varrho_{max}^2 - \varrho^2}} \quad . \quad . \quad . \quad . \quad . \quad (4)$$

In dieser Gleichung ist der Wert für die Wurzel mit dem Material konstant; $p_{max}$ liegt durch die gewählte Sicherheit ebenfalls fest. Wir erhalten demnach mit der positiven Wurzel einen ganz bestimmten Wert für die Spannweite, den wir mit $x_p$ bezeichneten, als Bedingung für genau gleiche Beanspruchung in den zwei fraglichen Fällen der Belastung und Temperatur, die Verwendung eines bestimmten Materials bei einer bestimmten Sicherheit vorausgesetzt. Für alle anderen Spannweiten wird dieser Umstand nicht eintreten. Um zu zeigen, daß für die größeren Spannweiten die Beanspruchung $p_{max}$, mit der der Draht bei $-5^{\,0}$ und der Maximalzusatzlast gespannt war, bei $-20^{\,0}$ nicht mehr, bei den kleineren Spannweiten hingegen dieser Wert schon bei einer Temperatur zwischen $-5^{\,0}$ und $-20^{\,0}$ erreicht wird, betrachten wir die extremen Fälle $x = \infty$ und $x = 0$. Im ersteren wird nach Gl. (2) mit $x = \infty$, wenn wir die Beanspruchung und Belastung bei $t_0 = -5^{\,0}$ mit $p_0$ und $\varrho_{max}$ und bei $t = -20^{\,0}$ mit $p$ und $\varrho \, (= \delta)$ bezeichnen:

$$\frac{\varrho^2}{p^2} - \frac{\varrho_{max}^2}{p_0^{\,2}} = 0 \qquad \text{oder} \qquad p = \frac{\varrho}{\varrho_{max}} \cdot p_0 .$$

$\dfrac{\varrho}{\varrho_{max}}$ ist ein echter Bruch, infolgedessen $p < p_0$. Im letzteren Fall wird nach Gl. (2) mit $x = 0$:

$$(t - t_0)\, \vartheta - (p_0 - p)\, \alpha = 0$$

oder

$$p = p_0 - \frac{(t - t_0)\, \vartheta}{\alpha}, \quad \text{wo} \quad t - t_0 = -15^{\,0}.$$

Der Bruch in diesem Ausdruck hat also einen negativen Wert. Da naturgemäß $p$ und $p_0$ positive Größen sind, so folgt daraus: $p > p_0$. Der Wert $p_0$, den wir dem Draht bei $-5^{\,0}$ und $\varrho_{max}$ gegeben hatten, mußte also schon bei einer Temperatur, die noch über der niedrigsten von $-20^{\,0}$ liegt, bereits wieder erreicht worden sein. Es ergibt sich damit, daß für alle Spannweiten unter $x_p$ entsprechend Gl. (4) die maximale Beanspruchung bei der niedrigsten Temperatur eintritt, während für alle Spannweiten über $x_p$ bei der Temperatur $-5^{\,0}$ und der maximalen Zusatzbelastung damit zu rechnen ist. Der letztere Fall bildet in der Praxis die Regel, wie die folgende numerische Verwertung der Gl. (4) zeigen wird.

$x_p$ ändert sich linear mit der gewählten maximalen Beanspruchung $p_{max}$. Für die gebräuchlichsten Leitungsmaterialien mit den angegebenen Materialkonstanten wird:

| | $\delta$<br>kg/cm³ | $\vartheta$<br>bez. auf 1° C | $\alpha$[5)]<br>cm²/kg | $x_p$ in cm<br>($p_{max}$ in kg\|qcm) |
|---|---|---|---|---|
| I. Kupfer[1)] . . . . . | $8,9 \cdot 10{-}3$ | $1,7 \cdot 10{-}5$ | $1/1,3 \cdot 10^6$ | $x_p = 3{,}53\, p_{max}$ |
| II. Bronze[2)] (Festigkeit 7000 kg/qcm Telephondraht) . . . . | $8,65 \cdot 10{-}3$ | $1,66 \cdot 15{-}5$ | $1/1,3 \cdot 10^6$ | $x_p = 3{,}51$  ,, |
| III. Aluminium[3)] . . . | $2,75 \cdot 10{-}3$ | $2,3 \cdot 10{-}5$ | $1/0,715 \cdot 10^6$ | $x_p = 5{,}20$  ,, |
| IV. Stahl[4)] . . . . . . | $7,95 \cdot 10{-}3$ | $1,1 \cdot 10{-}5$ | $1/2,2 \cdot 10^6$ | $x_p = 2{,}92$  ,, |
| V. Eisen[5)] (Festigkeit 4000 kg/qcm Telegraphendraht) . . | $7,79 \cdot 10{-}3$ | $1,23 \cdot 10{-}5$ | $1/1,9 \cdot 10^6$ | $x_p = 3{,}10$  ,, |

damit berechnet sich für **Kupfer**:

$$\text{bei } p_{max} = 4 \qquad 8 \qquad 10 \qquad 12 \qquad 14 \qquad 16 \qquad 18 \qquad 20 \text{ kg/mm}^2$$
$$x_p \text{ zu } 14{,}1 \quad 28{,}2 \quad 35{,}3 \quad 42{,}4 \quad 49{,}5 \quad 56{,}5 \quad 63{,}6 \quad 70{,}7 \text{ m}$$

für **Aluminium**:

$$\text{bei } p_{max} = 6 \qquad 9 \text{ kg/qmm}$$
$$x_p \text{ zu } 31{,}2 \quad 46{,}7 \text{ m}$$

NB. Der für Stahl aufgestellte Ausdruck gilt nicht mehr, wenn an einem Stahlseil ein Kabel angehängt ist; wir werden auf diesen Belastungsfall später noch näher eingehen.

Diese Zahlen für die Spannweiten liegen bedeutend unter den Werten, bei denen normal die beigeschriebenen Maximalbeanspruchungen gewählt werden. Man geht nur ausnahmsweise darunter und zwar dann, wenn dies in einer Strecke mit im allgemeinen größeren Spannweiten durch das Gelände bedingt wird.

Wird entgegen den Vorschriften des V. D. E. angenommen, daß bei $t_{min} = -20°$ nicht das Eigengewicht allein, sondern noch eine Zusatzlast infolge von Wind hinzutritt, wird also $\varrho > \delta$, so ändern sich natürlich die oben angeführten Zahlen für $x_p$. Sie sind aber in jedem Falle durch Gl. (4), wo der Wert von $\varrho$ Berücksichtigung findet, ausgedrückt.

Es sei noch an dieser Stelle eines anderen typischen Falls bei den Verhältnissen, wie sie sich bei Zugrundelegung der Verbandsnormalien ergeben, Erwähnung getan. Wie in Kapitel I dargelegt wurde, ist für Freileitungsanlagen der maximal auftretende Durchhang von besonderem Interesse, weil er mit in erster Linie für die

---

[1)] Die Materialkonst. laut Hütte 19. A. I., S. 465 und S. 273.
[2)] Die Materialkonst. laut ETZ 1907, S. 901.
[3)] Die Materialkonst. laut Hütte 19. A. I., S. 463 und S. 273.
[4)] Die Materialkonst. laut Hütte 19. A. I., S. 470.
[5)] Die Werte für $\alpha$ s. Hütte 19. A. I., S. 365, für Aluminium laut Mitteilung des Kabelwerks Oberspree.

Höhe der Maste mitbestimmend ist. Da nun die Vergrößerung des Durchhanges einerseits in der Temperaturerhöhung, andererseits aber auch in der Vergrößerung der Zusatzlast ihre Ursache haben kann, so ist nicht ohne weiteres bestimmt, ob dieser maximale Durchhang bei der maximalen Temperatur oder aber bei der maximalen Belastung entsprechend den Verbandsvorschriften eintritt. Wie hierbei die Verhältnisse liegen, soll die folgende Untersuchung klarstellen.

Es sei ein Kupferdraht in Mastabständen $x$ so montiert, daß bei einer Zusatzlast von $\varrho_{max} = \delta + 0{,}015 \ \mathrm{kg/cm^3}$ und $-5^0$ seine Beanspruchung $p_0 = p_{max}$ beträgt. Durch diese Belastung nimmt der Durchhang einen hohen Wert an. Es soll festgestellt werden, bei welcher Temperatur $t_f$ dieser Wert für den Durchhang wieder erreicht wird, wenn der Draht nur durch das Eigengewicht belastet ist.

Mit $f = f_0$ wird Gl. (1):

$$0 = (t_f - t_0)\,\vartheta - (p_0 - p)\,\alpha.$$

Nun ist aber

$$p_0 = \frac{\varrho_0}{8f_0} \cdot x^2$$

$$p = \frac{\varrho}{8f} \cdot x^2.$$

Somit $\dfrac{p}{p_0} = \dfrac{\varrho}{\varrho_0}$ oder

$$p = \frac{\varrho}{\varrho_0} \cdot p_0,$$

damit kommt:

$$0 = (t_f - t_0)\,\vartheta - p_0\left(1 - \frac{\varrho}{\varrho_0}\right)\alpha$$

oder

$$t_f = t_0 + \frac{\alpha}{\vartheta}\left(1 - \frac{\varrho}{\varrho_0}\right)p_0 \quad \cdots \quad (5)$$

worin in der Regel $p_0 = p_{max}$ und $\varrho = \delta$.

Aus dieser Formel geht hervor, daß diese fragliche Temperatur $t_f$, wo $f = f_0$, für ein bestimmtes Material bei jeder maximalen Beanspruchung $p_0 = p_{max}$ einen eindeutig gegebenen Wert annimmt, der von der Spannweite unabhängig ist. Es gilt also der Satz, daß für alle Spannweiten bei ein und derselben Temperatur und Eigengewichtsbelastung gerade der Durchhang wieder erreicht wird, den der Draht bei $t_0$, der Belastung $\varrho_0$ und einer bestimmten Beanspruchung $p_0$ aufwies.

Kann $p_0 = p_{max}$ verschiedene Werte annehmen, d. h. ist diese Größe in obiger Gleichung variabel, so ändert sich $t_f$ linear im gleichen Sinne mit dieser. Es wird deshalb für $p_{max}$ einen ganz bestimmten Wert $p'_{max}$ geben, wobei $t_f$ gerade gleich $t_{max} = +40^{\,0}\,\mathrm{C}$ wird.  Aus Gl. (5) kommt:

$$p'_{max} = \frac{\vartheta}{\alpha}\,(t_{max} - t_0)\cdot\frac{\varrho_0}{\varrho_0 - \varrho} \quad . \quad . \quad . \quad . \quad (6)$$

oder mit Zugrundelegung der Verbandsnormalien und $t_{max} = +40^0$

$$p'_{max} = 45\,\frac{\vartheta}{\alpha}\left(\frac{\delta}{0{,}015} + 1\right).$$

Mit Gl. (5) und (6) wurden die Zahlen folgender Tabelle berechnet:

| | $t_f$<br>$^0$ C | $p'_{max}$<br>für $t_f = t_{max} = +40^0$<br>kg/mm² | $p_{konst.}$<br>kg/mm² |
|---|---|---|---|
| kg/mm² | | | |
| I. Kupfer . . $p_{max} = 4$ | $+\ \ 6{,}3$ | | 1,49 |
| $=\ \ 8$ | $+\ 17{,}6$ | | 2,98 |
| $= 10$ | $+\ 23{,}3$ | | 3,72 |
| $= 12$ | $+\ 29{,}0$ | | 4,47 |
| $= 14$ | $+\ 34{,}6$ | 15,8 | 5,20 |
| $= 16$ | $+\ 40{,}3$ | | 5,96 |
| $= 18$ | $+\ 46{,}0$ | | 6,70 |
| $= 20$ | $+\ 51{,}5$ | | 7,45 |
| II. Aluminium $p_{max} = 6$ | $+\ 25{,}9$ | 8,75 | 0,9 |
| $=\ \ 9$ | $+\ 41{,}3$ | | 1,4 |
| III. Stahl . . $p_{max} = 20$ | $+\ 49{,}0$ | | 6,9 |
| $= 30$ | $+\ 76{,}0$ | 16,66 | 10,4 |
| $= 60$ | $+157{,}0$ | | 20,8 |
| $= 90$ | $+238{,}0$ | | 31,2 |

Die Zahlen dieser Tabelle lassen erkennen, daß bei Verwendung von Kupfer als Leitungsmaterial der größte Durchhang bei allen Spannweiten über $x_p$ bei der maximalen Belastung und $-5^0$ auftritt, wenn die Maximalbeanspruchung $\geq 15{,}8$ kg/qmm beträgt.  Ist jedoch $p_{max} \lessgtr 15{,}8$ kg/qmm, so wird sich der maximale Durchhang bei der maximalen Temperatur $t_{max} = +40^0$ einstellen.  Soll nur der größte Durchhang berechnet werden, so ist dieses zu berücksichtigen, insofern als es dann in den ersteren Fällen genügt, den Durchhang nach der Gl. (a) für $\varrho = \varrho_{max}$ und $p = p_{max}$ zu berechnen. Dieser stellt dann den Maximalwert dafür dar.

Bei Aluminium wird für die durch die Verbandsvorschriften noch zugelassene maximale Beanspruchung $p_{max} = 9$ kg/qmm der größte Durchhang ebenfalls bei der maximalen Belastung mit $t = -5^0$ eintreten, ein Durchhang, der ohne Zusatzlast erst bei Temperaturen über $+41{,}3^0$ überschritten wurde, mit welchen Temperaturen nicht gerechnet zu werden braucht.

Die kritische Maximalbeanspruchung als oberste Grenze der Maximalbeanspruchungen, bei denen der größte Durchhang bei der höchsten Temperatur von $+40^0$ zu suchen ist, hat für Aluminium den Wert 8,75 kg/qmm.

Für Stahl zeigt die Zusammenstellung, daß dieser kritische Wert sehr niedrig liegt und in praxi kaum gewählt wird. Im allgemeinen wird bei diesem Material die maximale Beanspruchung mindestens 20 kg/qmm betragen, wobei jedoch die bei maximaler Zusatzlast auftretenden Durchhänge bei Eigengewichtsbelastung allein auch bei der höchsten Temperatur nicht annähernd erreicht werden.

Der maximale Durchhang tritt also für Stahldraht stets bei $-5^0$ und der Maximalzusatzlast 0,015 kg/qmm und laufendem Meter gleichzeitig mit der Maximalbeanspruchung auf. Dies gilt zunächst für die Spannweiten größer als $x_p$.

Bei der Berechnung der Temperatur $t_f$, wofür $f = f_0$, erhielten wir als Ausdruck für diese Bedingungen:

$$p_{konst} = \frac{\varrho}{\varrho_0} p_0 = \frac{\varrho}{\varrho_0} p_{max} \quad \cdots \cdots \quad (7)$$

Da nun $\varrho$, $\varrho_0$ und $p_{max}$ in jedem Falle bestimmte Werte haben, so folgt daraus, daß bei der Temperatur $t_f$ die Beanspruchung bei allen Spannweiten den gleichen Wert erhält. Dieses $p_{konst}$ wurde für verschiedene Materialien und Maximalbeanspruchungen berechnet und ebenfalls in die obige Tabelle aufgenommen.

Damit kann Gl. (5) auch geschrieben werden:

$$t_f = t_0 + \frac{\alpha}{\vartheta}(p_0 - p_{konst})$$

oder

$$t_f = t_0 + \frac{\alpha}{\vartheta}\left(\frac{\varrho_0}{\varrho} - 1\right)p_{konst}.$$

Tritt bei höheren Temperaturen zu dem Eigengewicht der Leitungen noch eine Zusatzlast durch Wind hinzu, so ist ohne weiteres klar, daß der Durchhang, der sich bei $-5^0$ und der maximalen Belastung einstellte, schon früher als bei den in obiger Tabelle enthaltenen Werte der Temperatur erreicht wird. Diese Fälle finden aber auch durch Gl. (5) mit $\varrho > \delta$ Berücksichtigung.

# IV. Diskussion der Grundgleichungen und ihre praktische Verwendung. Formeln.

Unsere Grundgleichungen lauteten:

$$\frac{1}{24}\left(\frac{\varrho^2}{p^2} - \frac{\varrho_0{}^2}{p_0{}^2}\right) x^2 = (t - t_0)\vartheta - (p_0 - p)\alpha \quad . \quad . \quad (2)$$

$$\frac{8}{3x^2}\left(f^2 - \frac{\varrho_0{}^2}{8^2 p_0{}^2} x^4\right) = (t - t_0)\vartheta - \left(p_0 - \frac{\varrho x^2}{8f}\right)\alpha \quad . \quad (3)$$

Beide Gleichungen sind in bezug auf $f$ und $p$ vom dritten Grade, in bezug auf $t$ jedoch linear.

Da in der Regel nicht der Zustand bei einer einzelnen Temperatur interessiert, sondern vielmehr die Zustandsänderung während einer bestimmten Temperaturänderung, so ist es erwünscht, sie über ihren ganzen Verlauf verfolgen zu können. Die bildliche Darstellung ihrer Funktion, die man vielfach kurz als „Diagramm" bezeichnet findet, läßt die Art der Änderung der fraglichen Größen erkennen und gleichzeitig ihre Werte für jeden beliebigen Zwischenpunkt ablesen.

Die Gleichungen (2) und (3) können auch geschrieben werden:

$$t = \frac{\varrho^2}{24\,\vartheta} \cdot \frac{x^2}{p^2} - \frac{\alpha}{\vartheta} p - \frac{1}{24\,\vartheta} \cdot \frac{\varrho_0{}^2}{p_0{}^2} \cdot x^2 + \frac{\alpha}{\vartheta} p_0 + t_0 \cdot \quad . \quad (8)$$

$$t = \frac{8}{3\,\vartheta} \frac{f^2}{x^2} - \frac{\varrho}{8}\frac{\alpha}{\vartheta}\frac{x^2}{f} - \frac{1}{24\,\vartheta} \cdot \frac{\varrho_0{}^2}{p_0{}^2} \cdot x^2 + \frac{\alpha}{\vartheta} p_0 + t_0 \cdot \quad . \quad (9)$$

welche Gleichungen, da $x$ als konstant, die Konstanten des Materials, ferner $p_{max}$, $\varrho_{max}$ und $t_0$ als gegeben angenommen wurden, die in Frage stehenden Funktionen $(p, t)$ und $(f, t)$ darstellen.

Setzt man in ihnen die numerischen Werte der oben aufgeführten Größen ein, so schreiben sich die Gleichungen einfacher;

$$t = \frac{a_8}{p^2} - b_8 p + c_8 \quad \cdot \quad \cdot \quad \cdot \quad \cdot \quad \cdot \quad \cdot \quad (8')$$

$$t = a_9 \cdot f^2 - \frac{b_9}{f} + c_9 \quad \cdot \quad \cdot \quad \cdot \quad \cdot \quad \cdot \quad (9')$$

worin $a_8$, $b_8$, $c_8$ und $a_9$, $b_9$, $c_9$ Konstanten sind und sich wie folgt berechnen:

$$a_8 = \frac{\varrho^2}{24\,\vartheta} \cdot x^2 \qquad\qquad a_9 = \frac{8}{3\,\vartheta} \cdot \frac{1}{x^2}$$

$$b_8 = \frac{\alpha}{\vartheta} \qquad\qquad b_9 = \frac{\varrho}{8} \frac{\alpha}{\vartheta} \cdot x^2$$

$$c_8 = -\frac{1}{24\,\vartheta} \frac{\varrho_0^2}{p_0^2} x^2 + \frac{\alpha}{\vartheta} p_0 + t_0 \qquad c_9 = c_8.$$

Hiervon sind $a_8$, $b_8$, $a_9$ und $b_9$ stets positive Größen. Zu bemerken ist ferner, daß das den beiden Gleichungen gemeinsame, von Variablen freie Glied $c_8 = c_9$ allein die Werte $p_0$ und $\varrho_0$ für d i e Beanspruchung und Zusatzlast enthalten, die unseren Rechnungen als Ausgangspunkte dienen sollen. Es folgt daraus, daß die $fu\,(p, t)$ und $(f, t)$ unabhängig von $p_0$ oder $\varrho_0$ stets dieselbe Gestalt haben werden, daß sie nur um die Änderung der Größe $c_8 = c_9$ parallel zueinander verschoben sind.

Für die verschiedenen Leitungsmaterialien (mit denselben technischen Konstanten wie im Kap. III aufgeführt) nehmen die Gleichungen (8) und (9) folgende Formen an, wenn $\varrho = \delta$ gesetzt wird:

**Beanspruchung.**

a) Allgemein.

I. Hartkupfer:

$$t = 0{,}194 \cdot \frac{x^2}{p^2} - 0{,}0452\,p - 2450 \frac{\varrho_0^2}{p_0^2} x^2 + 0{,}0452\,p_0 + t_0$$

II. Bronze (Telephondraht):

$$t = 0{,}188 \cdot \frac{x^2}{p^2} - 0{,}0464\,p - 2500 \frac{\varrho_0^2}{p_0^2} x^2 + 0{,}0464\,p_0 + t_0$$

III. Aluminium:

$$t = 0{,}0137 \cdot \frac{x^2}{p^2} - 0{,}0610\,p - 1815 \frac{\varrho_0^2}{p_0^2} x^2 + 0{,}0610\,p_0 + t_0$$

IV. Stahl:

$$t = 0{,}240 \cdot \frac{x^2}{p^2} - 0{,}0415\,p - 3780 \frac{\varrho_0^2}{p_0^2} x^2 + 0{,}0415\,p_0 + t_0$$

V. Eisen (Telegraphendraht):

$$t = 0{,}205 \cdot \frac{x^2}{p^2} - 0{,}0428\,p - 3400 \frac{\varrho_0^2}{p_0^2} x^2 + 0{,}0428\,p_0 + t_0$$

### b) Bei Zugrundelegung der Normalien des V. D. E.
$$(\varrho_0 = \delta + 0{,}015\ \text{kg/cm}^3;\ t_0 = -5^0).$$

I. Hartkupfer:

$$t = 0{,}194\ \cdot \frac{x^2}{p^2} - 0{,}0452\,p - 1{,}40\ \frac{x^2}{p_{max}^2} + 0{,}0452\,p_{max} - 5$$

II. Bronze:

$$t = 0{,}188\ \cdot \frac{x^2}{p^2} - 0{,}0464\,p - 1{,}40\ \frac{x^2}{p_{max}^2} + 0{,}0464\,p_{max} - 5$$

III. Aluminium:

$$t = 0{,}0137\cdot \frac{x^2}{p^2} - 0{,}0610\,p - 0{,}57\ \frac{x^2}{p_{max}^2} + 0{,}0610\,p_{max} - 5$$

IV. Stahl:

$$t = 0{,}240\ \cdot \frac{x^2}{p^2} - 0{,}0415\,p - 2{,}00\ \frac{x^2}{p_{max}^2} + 0{,}0415\,p_{max} - 5$$

V. Eisen:

$$t = 0{,}205\ \cdot \frac{x^2}{p^2} - 0{,}0428\,p - 1{,}76\ \frac{x^2}{p_{max}^2} + 0{,}0428\,p_{max} - 5$$

## Durchhang.

### a) Allgemein.

I. Hartkupfer:

$$t = 15{,}7\ \cdot 10^4\cdot \frac{f^2}{x^2} - 0{,}502\cdot 10^{-4}\cdot \frac{x^2}{f} - 2450\,\frac{\varrho_0^2}{p_0^2}\,x^2 + 0{,}0452\,p_0 + t_0$$

II. Bronze:

$$t = 16{,}05\cdot 10^4\cdot \frac{f^2}{x^2} - 0{,}501\cdot 10^{-4}\cdot \frac{x^2}{f} - 2500\,\frac{\varrho_0^2}{p_0^2}\,x^2 + 0{,}0464\,p_0 + t_0$$

III. Aluminium:

$$t = 11{,}6\ \cdot 10^4\cdot \frac{f^2}{x^2} - 0{,}209\cdot 10^{-4}\cdot \frac{x^2}{f} - 1815\,\frac{\varrho_0^2}{p_0^2}\,x^2 + 0{,}0610\,p_0 + t_0$$

IV. Stahl:

$$t = 24{,}25\cdot 10^4\cdot \frac{f^2}{x^2} - 0{,}410\cdot 10^{-4}\cdot \frac{x^2}{f} - 3780\,\frac{\varrho_0^2}{p_0^2}\,x^2 + 0{,}0415\,p_0 + t_0$$

V. Eisen:

$$t = 21{,}6\ \cdot 10^4\cdot \frac{f^2}{x^2} - 0{,}416\cdot 10^{-4}\cdot \frac{x^2}{f} - 3400\,\frac{\varrho_0^2}{p_0^2}\,x^2 + 0{,}0428\,p_0 + t_0$$

### b) Bei Zugrundelegung der Normalien des V. D. E.

I. Hartkupfer:

$$t = 15{,}7\ \cdot 10^4\cdot \frac{f^2}{x^2} - 0{,}502\cdot 10^{-4}\cdot \frac{x^2}{f} - 1{,}40\cdot \frac{x^2}{p_{max}^2} + 0{,}0452\,p_{max} - 5$$

II. Bronze:

$$t = 16{,}05 \cdot 10^4 \cdot \frac{f^2}{x^2} - 0{,}501 \cdot 10^{-4} \cdot \frac{x^2}{f} - 1{,}40 \cdot \frac{x^2}{p_{max}^2} + 0{,}0464\, p_{max} - 5$$

III. Aluminium:

$$t = 11{,}6 \cdot 10^4 \cdot \frac{f^2}{x^2} - 0{,}209 \cdot 10^{-4} \cdot \frac{x^2}{f} - 0{,}57 \cdot \frac{x^2}{p_{max}^2} + 0{,}0610\, p_{max} - 5$$

IV. Stahl:

$$t = 24{,}25 \cdot 10^4 \cdot \frac{f^2}{x^2} - 0{,}410 \cdot 10^{-4} \cdot \frac{x^2}{f} - 2{,}00 \cdot \frac{x^2}{p_{max}^2} + 0{,}0415\, p_{max} - 5$$

V. Eisen:

$$t = 21{,}6 \cdot 10^4 \cdot \frac{f^2}{x^2} - 0{,}416 \cdot 10^{-4} \cdot \frac{x^2}{f} - 1{,}76 \cdot \frac{x^2}{p_{max}^2} + 0{,}0428\, p_{max} - 5.$$

Zusammengehörige $p$ und $f$ erfüllen die Bedingung:

$$\text{I. Hartkupfer} \quad f = 11{,}1 \cdot 10^{-4} \cdot \frac{x^2}{p}$$

$$\text{II. Bronze} \quad f = 10{,}8 \cdot 10^{-4} \cdot \frac{x^2}{p}$$

$$\text{III. Aluminium} \quad f = 3{,}45 \cdot 10^{-4} \cdot \frac{x^2}{p}$$

$$\text{IV. Stahl} \quad f = 9{,}95 \cdot 10^{-4} \cdot \frac{x^2}{p}$$

$$\text{V. Eisen} \quad f = 9{,}75 \cdot 10^{-4} \cdot \frac{x^2}{p}.$$

Es genügt demnach, für eine dieser Größen nach den obigen Formeln die betr. Temperatur zu bestimmen. (Beispiele s. Kap. V.)

NB. In diesen Formeln sind $p$ und $p_{max}$ in kg/cm², $f$ und $x$ in cm einzusetzen. Die Koeffizienten können mit Rücksicht auf die abgerundeten Materialkonstanten ebenfalls noch abgerundet werden.

Die Formeln für Stahl gelten nicht mehr für ein Stahlseil mit angehängtem Kabel.

Die Gl. (8') ergibt mit $p = 0$: $t = +\infty$. Die Kurve $(p, t)$ hat demnach die $t$-Achse als Asymptote, und zwar nähert sie sich derselben in der positiven Richtung für $t$. Die Gl. (9') hingegen wird, wenn $f = 0$: $t = -\infty$. Die Kurve $(f, t)$ hat also ebenfalls die $t$-Achse zur Asymptote, sie nähert sich ihr jedoch in der negativen Richtung der $t$.

Es soll noch untersucht werden, ob die Kurven (8) und (9) im Endlichen Wendepunkte aufweisen. Aus Gl. (8') wird durch zweimaliges Differenzieren:

$$\frac{d^2 t}{dp^2} = \frac{6\,a_8}{p^4}.$$

Wird dieser Wert gleich 0 oder $\infty$ gesetzt, so erhält man weder in dem einen noch in dem anderen Fall endliche Werte für $p$ und $t$.

Aus Gl. (9') hingegen kommt:

$$\frac{d^2 t}{d f^2} = 2\,a_9 - \frac{2\,b_9}{f^3};$$

dies gleich Null gesetzt, ergibt:

$$f^3 = \frac{b_9}{a_9}.$$

Das Kriterium ist erst vollständig, wenn festgestellt werden kann, daß die zweite Ableitung für zwei Werte von $f$, der eine um einen beliebig kleinen Betrag $n$ größer als der eben gefundene, der andere um einen ebensolchen kleiner als dieser Wert, nicht zugleich $>0$ oder $<0$ wird.

Es kommt:

$$f u''(f \pm n) = 2\,a_9 - \frac{2\,b_9}{(f \pm n)^3} = 2\,a_9 \left[ 1 - \frac{b_9}{a_5 \cdot f^3 + 3 f n^2 \pm (3 \cdot f^2 \cdot n + n^3)} \right]$$

und mit $f^3 = \dfrac{b_9}{a_9}$:

$$f u''(f \pm n) = 2\,a_9 \left[ 1 - \frac{b_9}{b_9 + 3\,a_9 \cdot f \cdot n^2 \pm (3 \cdot f^2 \cdot n + n^3)\,a_9} \right].$$

Da $a_9$, $f$ und $n$ positive Größen sind, so ist der Bruch, wenn das $+$-Zeichen Gültigkeit hat, sicher kleiner als 1, und es wird $f u''(f + n) > 0$. Als Bedingung für $f u''(f - n) < 0$ muß der Bruch unecht sein, d. h. alle Glieder im Nenner außer $b_9$ müssen zusammen einen Wert $< 0$ ergeben. Die Bedingung für einen Wendepunkt lautet somit:

$$3 f n^2 < 3 f^2 n + n^3$$

oder

$$f < \frac{f^2}{n} + \frac{n}{3},$$

welche Bedingung für kleine $n$ stets erfüllt sind. Die Kurve $(f, t)$ hat also einen Wendepunkt, und zwar ist sie für kleinere $t$ konkav, für größere $t$ konvex zur $t$-Achse.

Wir hatten für den Wendepunkt:

$$f^3 = \frac{b_9}{a_9}.$$

Mit Einsetzung der entsprechenden Werte erhalten wir für diesen Durchhang den Ausdruck:

$$f_w = \frac{x}{4} \sqrt[3]{\varrho \alpha x} \quad . \quad . \quad . \quad . \quad . \quad . \quad (10)$$

Ferner ergibt die Gl. (9′)

$$t = (a_9 f^3 - b_9)\frac{1}{f} + c_9$$

und mit Einsetzung des Wertes $f^3 = \dfrac{b_9}{a_9}$:

$$t_w = c_9 \quad . \quad . \quad . \quad . \quad . \quad . \quad . \quad (11)$$

als Wert der Temperatur im Wendepunkt.

Schon aus den Gleichungen der Kurven $(t, p)$ und $(t, f)$ geht hervor, daß ihre Form mit $x$ veränderlich ist, weil diese Größe als Faktor der Variablen in der Gleichung auftritt. Es soll untersucht werden, ob und in welchem Punkte sich zwei Funktionen $(t, p)$ schneiden, die zwar für gleiche Maximalbeanspruchungen und gleiche Zusatzlast im ungünstigsten Belastungsfall berechnet sind, aber für zwei verschiedene Spannweiten $x_1$ und $x_2$ gelten. Diesen beiden fraglichen Kurven entsprechen die Ausdrücke:

$$t = \frac{\varrho^2}{24\,\vartheta} \cdot \frac{x_1{}^2}{p^2} - \frac{\alpha}{\vartheta} p - \frac{1}{24\,\vartheta} \cdot \frac{\varrho_0{}^2}{p_0{}^2} x_1{}^2 + \frac{\alpha}{\vartheta} p_0 + t_0$$

$$t = \frac{\varrho^2}{24\,\vartheta} \cdot \frac{x_2{}^2}{p^2} - \frac{\alpha}{\vartheta} p - \frac{1}{24\,\vartheta} \cdot \frac{\varrho_0{}^2}{p_0{}^2} x_2{}^2 + \frac{\alpha}{\vartheta} p_0 + t_0.$$

Für einen Schnittpunkt gehen diese Funktionen in zwei Gleichungen mit den zwei Unbekannten $t$ und $p$ über, die die Koordinaten des Schnittpunktes darstellen. Durch Subtraktion ergibt sich:

$$\frac{\varrho^2}{24\,\vartheta p^2}(x_2{}^2 - x_1{}^2) = \frac{1}{24\,\vartheta}\frac{\varrho_0{}^2}{p_0{}^2}(x_2{}^2 - x_1{}^2)$$

oder

$$p = \frac{\varrho}{\varrho_0} \cdot p_0,$$

welcher Wert für jedes $x_1$ resp. $x_2$ gilt. Mit Einsetzung dieses Wertes in eine der obigen Gleichungen wird

$$t = t_0 + \frac{\alpha}{\vartheta}\left(1 - \frac{\varrho}{\varrho_0}\right)p_0,$$

welcher Wert ebenfalls von der Spannweite $x$ unabhängig ist. Es ergibt sich somit, daß alle Kurven $(t, p)$ für beliebige Spannweiten bei Zugrundelegung bestimmter $p_0$ und $\varrho_0$ einen gemeinsamen Schnittpunkt haben.

Dies Ergebnis war übrigens nach den Darlegungen des vorigen Kapitels zu erwarten. Wir stellten dort die Temperatur fest, bei der der Leitungsdraht, wenn er nur durch das Eigengewicht belastet ist, denselben Durchhang aufweist, den er auch bei $t_0$ und $\varrho_0$ inne hatte, und nannten die oben gefundenen Werte für diese

Koordinaten $t_f$ und $p_{konst}$. Dieser gemeinsame Schnittpunkt $(t_f, p_{konst})$ wird bei dem zeichnerischen Verfahren zur Bestimmung der in Frage stehenden Größen, das wir später entwickeln werden, besondere Bedeutung erhalten. Er möge deshalb im Auge behalten werden.

In ähnlicher Weise erhalten wir für den Schnittpunkt der zwei Kurven:

$$t = \frac{8}{3\,\vartheta} \frac{f^2}{x_1{}^2} - \frac{\varrho}{8\,\vartheta} \frac{\alpha\, x_1{}^2}{f} - \frac{1}{24\,\vartheta} \frac{\varrho_0{}^2}{p_0{}^2} x_1{}^2 + \frac{\alpha}{\vartheta} p_0 + t_0$$

$$t = \frac{8}{3\,\vartheta} \frac{f^2}{x_2{}^2} - \frac{\varrho}{8\,\vartheta} \frac{\alpha\, x_2{}^2}{f} - \frac{1}{24\,\vartheta} \frac{\varrho_0{}^2}{p_0{}^2} x_2{}^2 + \frac{\alpha}{\vartheta} p_0 + t_0$$

folgenden Wert für die Ordinate:

$$\frac{64}{x_1{}^2 x_2{}^2} f^2 + 3\,\alpha\varrho \frac{1}{f} + \frac{\varrho_0{}^2}{p_0{}^2} = 0.$$

Diese Gleichung wird nur bei negativem, also unreellem $f$ erfüllt, der entsprechende Schnittpunkt interessiert infolgedessen nicht.

Von Interesse ist noch der Grenzfall der $Fu\,(t, p)$ für $x = 0$. Es wird damit Gl. (8):

$$t = - \frac{\alpha}{\vartheta} p + \frac{\alpha}{\vartheta} p_0 + t_0.$$

[Diese Beziehung kann auch geschrieben werden:

$$p = p_{max} - \frac{\vartheta}{\alpha} (t - t_0)].$$

Dies ist die Gleichung einer Geraden. Die trigonometrische Tangente des Winkels, den sie mit der positiven Richtung der $t$-Achse bildet, ist: $- \frac{\alpha}{\vartheta}$, ihr Abschnitt auf der $t$-Achse:

$$\frac{\alpha}{\vartheta} p_0 + t_0.$$

Schreibt man die Gl. (8):

$$0 = \frac{\varrho^2}{24\,\vartheta} x^2 + p^2 \left( - t - \frac{\alpha}{\vartheta} p - \frac{1}{24\,\vartheta} \cdot \frac{\varrho_0{}^2}{p_0{}^2} x^2 + \frac{\alpha}{\vartheta} p_0 + t_0 \right),$$

so ersieht man, daß sie, wenn in ihr $x = 0$ gesetzt wird, auch erfüllt wird, wenn $p^2 = 0$ ist.

Der Grenzwert der $fu\,(t, p)$ für $x = 0$ heißt somit vollständig:

$$\left. \begin{aligned} t &= - \frac{\alpha}{\vartheta} p + \frac{\alpha}{\vartheta} \cdot p_0 + t_0 \\ p &= 0 \end{aligned} \right\} \quad \cdots \cdots \quad (12)$$

Dies Ergebnis stimmt damit überein, daß, wie wir früher feststellten, alle Funktionen $(t, p)$ die $t$-Achse im Unendlichen treffen.

Es ist zu beachten, daß $\underset{x=0}{Fu}(p,t)$ die Größe $\varrho_0$ nicht enthält und ihre Richtungskonstante außerdem von $p_0$ unabhängig ist. Mit der Abszisse $t = t_0$ kommt als Ordinate nach Gl. (12):

$$p = p_0 = p_{max}.$$

Alle diese Beziehungen leiten zu der später dargelegten graphischen Methode hin.

In vielen Fällen will man nicht das Gesetz der Änderung der Beanspruchung und des Durchhanges im einzelnen verfolgen, es genügt vielmehr oft vollständig, den Zustand des Drahtes bei einer bestimmten Temperatur zu kennen. Dafür ist es dann erwünscht, diesen Zustand für die verschiedensten Spannweiten leicht feststellen zu können, sei es dadurch, daß eine Anzahl solcher Werte in gleichmäßiger Folge tabellarisch zusammengestellt sind, sei es, was vorzuziehen ist, dadurch, daß entsprechende Kurven über jeden vorkommenden Fall den erforderlichen Aufschluß geben.

Wir erhalten unter Annahme eines konstanten $t$ aus unseren Grundgleichungen die Funktionen $(p, x)$ und $(f, x)$, die, in senkrechten Koordinaten aufgezeichnet, die Größen für die Beanspruchung und den Durchhang für eine beliebige Spannweite ablesen lassen. Um das Rechnen mit den cardanischen Formeln zu vermeiden, stellen wir die Ausdrücke für $x$ auf.

Wir erhalten:

$$x = p \cdot \left( \frac{p_0}{\varrho_0} \sqrt{24\,\alpha} \right) \cdot \sqrt{ \frac{\left[ p_0 - \dfrac{\vartheta}{\alpha}(t-t_0) \right] - p}{p^2 - p_0^2 \dfrac{\varrho^2}{\varrho_0^2}} } \qquad \ldots \ldots \quad (13)$$

$$0 = \left( \frac{\varrho}{8} \frac{1}{f} + \frac{1}{24\,\alpha} \frac{\varrho_0^2}{p_0^2} \right) x^4 - \left[ p_0 - \frac{\vartheta}{\alpha}(t-t_0) \right] x^2 - \frac{8}{3\,\alpha} \cdot f^2 \quad . \quad (14)$$

Die letztere Gleichung ist für die Rechnung nicht zweckmäßig; die erstere hingegen schreibt sich mit Einsetzung der numerischen Werte und mit Berücksichtigung der Gl. (7) einfacher

$$x = a\,p \sqrt{ \frac{b - p}{p^2 - p_{konst}^2} },$$

worin sich die Konstanten wie folgt berechnen:

$$a = \frac{p_0}{\varrho_0} \sqrt{24\,\alpha},$$

$$b = p_0 - \frac{\vartheta}{\alpha}(t - t_0).$$

Hierbei ist meistens $p_0 = p_{max}$ und $\varrho_0 = \varrho_{max}$ zu setzen.

Setzen wir in diese Gleichung für $p$ einen Wert ein, so berechnet sich danach mit nur zwei Rechenschiebereinstellungen bei

Verwendung der oberen und unteren Einteilung $x$; benutzt man überdies die Beziehung $f = \left(\dfrac{\varrho}{8}\right) \cdot \dfrac{x^2}{p}$, so läßt sich mit einer weiteren Schiebereinstellung das zugehörige $f$ berechnen. Die Berechnung von $f$ nach Gl. (14) ist deshalb entbehrlich.

In $fu\,(p, x)$ ergibt sich als Bedingung für $x = \infty$:

$$p = \frac{\varrho}{\varrho_0} \cdot p_{max} = p_{konst},$$

welche Beziehung wir bereits für die berechnete Temperatur $t_f$ erhielten. Die Kurven aller Temperaturen haben also eine der $x$-Achse parallele Asymptote, die gleichzeitig die $fu\,(x, p)$ für die Temperatur $t_f$ darstellt, wofür gerade der Durchhang, der sich bei $t_0$ und Zusatzlast einstellte, auch ohne Zusatzlast wieder erreicht wird. Die Kurven $(x, p)$ für die höheren Temperaturen, wobei die Spannung noch kleinere Werte annimmt, ist also in bezug auf die $x$-Achse konkav, alle Kurven für die niedrigeren Temperaturen sind hingegen zur $x$-Achse konvex.

Die $Fu\,(x, f)$ für $t = t_f$ hingegen wird die Parabel

$$f = \frac{\varrho}{8} \cdot \frac{x^2}{p_{konst}} \quad \text{oder} \quad f = \frac{\varrho_0}{8} \cdot \frac{x^2}{p_{max}}.$$

Es sei ferner erwähnt, daß der Schnittpunkt einer Kurve $(x, p)$ mit der Ordinatenachse sich mit $x = 0$ ergibt zu:

$$p = p_{max} - \frac{\vartheta}{\alpha}(t - t_0).$$

Diese Beziehung hatten wir bereits oben als Grenzfall für die $Fu\,(t, p)$ für $x = 0$. Für niedrige Temperaturen wird $t - t_0$ negativ, es muß dann dieses $p > p_{max}$ werden. Dies entspricht vollständig unseren früheren Darlegungen; wir berechneten nämlich die charakteristische Spannweite $x_p$ als Schnittpunkt der Kurve $(x, p)$ für die niedrigste Temperatur $t_{min}$ mit der Geraden $p = p_{max}$. Für alle Spannweiten unter diesem $x_p$ würde die entsprechende Kurve $(x, p)$ über die Linie $p = p_{max}$ zu liegen kommen. Wird $t = t_0$, so schneidet die Kurve $(x, p)$ die $p$-Achse im Abstand $p_{max}$ vom Nullpunkte. Für die Spannungsänderungen unter $x_p$ ist die Gl. (13) ebenfalls gültig; es ist in ihr nur $\varrho_0 = \varrho$ und $t_0 = t_{min}$ zu setzen.

Für die früher angeführten Leitungsmaterialien nimmt die Gl. (13) unter Zugrundelegung der Normalien des V. D. E. folgende Formen an:

I. Hartkupfer: $\quad x = 0{,}180\,p_{max} \cdot p \cdot \sqrt{\dfrac{[p_{max} - 22{,}1\,(t + 5)] - p}{p^2 - (p_{max}/2{,}67)^2}}$

II. Bronze: $\quad\quad x = 0{,}181\,p_{max} \cdot p \cdot \sqrt{\dfrac{[p_{max} - 21{,}6\,(t + 5)] - p}{p^2 - (p_{max}/2{,}74)^2}}$

III. Aluminium: $\quad x = 0,326\, p_{max} \cdot p \cdot \sqrt{\dfrac{[p_{max} - 16,3\,(t+5)] - p}{p^2 - (p_{max}/6,46)^2}}$

IV. Stahl: $\quad x = 0,144\, p_{max} \cdot p \cdot \sqrt{\dfrac{[p_{max} - 24,2\,(t+5)] - p}{p^2 - (p_{max}/2,89)^2}}$

V. Eisen: $\quad x = 0,156\, p_{max} \cdot p \cdot \sqrt{\dfrac{[p_{max} - 23,4\,(t+5)] - p}{p^2 - (p_{max}/2,92)^2}}$

Die oben angegebenen Beziehungen zwischen $p$ und $f$ gelten natürlich auch hier. (Beispiele s. Kap. V.)

Es kann noch von Interesse sein, die Änderung der Beanspruchung oder des Durchhanges zu verfolgen, wenn die Maximal-Zusatzlast verschiedene Werte annimmt, alle übrigen Verhältnisse jedoch unverändert bleiben, also wenn speziell eine bestimmte Spannweite vorliegt und die Maximalbeanspruchung festgelegt ist. Wir erhalten dafür als $Fu(p, \varrho_0)$ resp. $Fu(f, \varrho_0)$:

$$\varrho_0{}^2 = \varrho^2 \frac{p_0{}^2}{p^2} - 24\alpha \frac{p_0{}^2}{x^2}\, p + 24\alpha \frac{p_0{}^3}{x^2} - 24\vartheta\,(t-t_0)\frac{p_0{}^2}{x^2} \ . \quad (15)$$

$$\varrho_0{}^2 = 64 \frac{p_0{}^2}{x^4} \cdot f^2 - 3\varrho\alpha \frac{p_0{}^2}{f} + 24\alpha \frac{p_0{}^3}{x^2} - 24\vartheta\,(t-t_0)\frac{p_0{}^2}{x^2} \quad (16)$$

In beiden Gleichungen hat das von Variablen freie Glied wiederum die gleiche Größe.

Der Vollständigkeit halber seien die kubischen Ausdrücke für $p$ und $f$ selbst noch angegeben, obwohl wir von ihnen keinen Gebrauch machen werden, da wir es vorziehen, auch wenn nur ein einzelner Wert zu bestimmen ist, diese kubischen Gleichungen mit Hilfe der Gleichungen (8) oder (9) graphisch zu lösen. Die Grundgleichungen ergeben:

$$\frac{1}{p^3} - \left\{\frac{\varrho_0{}^2}{\varrho^2 p_0{}^2} - \frac{24\alpha}{\varrho^2 x^2}\left[p_0 - \frac{\vartheta}{\alpha}(t-t_0)\right]\right\}\frac{1}{p} - \frac{24\alpha}{\varrho^2 x^2} = 0 \quad (17)$$

$$f^3 - \left\{\frac{1}{64}\frac{\varrho_0{}^2}{p_0{}^2}x^4 - \frac{3}{8}\alpha x^2\left[p_0 - \frac{\vartheta}{\alpha}(t-t_0)\right]\right\}f - \frac{3}{64}\alpha\varrho x^4 = 0 \quad (18)$$

Wird in diesen Formeln $\varrho_0 = \varrho = \delta$ gesetzt, so gehen sie über in:

$$\frac{1}{p^3} - \left\{\frac{1}{p_0{}^2} - \frac{24\alpha}{\delta^2 x^2}\left[p_0 - \frac{\vartheta}{\alpha}(t-t_0)\right]\right\}\frac{1}{p} - \frac{24\alpha}{\delta^2 x^2} = 0,$$

$$f^3 - \left\{\frac{1}{64}\frac{\delta^2}{p_0{}^2}x^4 - \frac{3}{8}\alpha x^2\left[p_0 - \frac{\vartheta}{\alpha}(t-t_0)\right]\right\}f - \frac{3}{64}\alpha\delta x^4 = 0.$$

Dies sind die bereits bekannten Ausdrücke für die Zustandsänderungen eines Drahtes bei wechselnder Temperatur, aber gleichbleibender Belastung.

# V. Durchrechnung numerischer Beispiele. Montagekurven.

Mit Hilfe der im vorigen Kapitel aufgestellten Formeln sollen einige numerische Beispiele durchgerechnet und die entsprechenden Kurven in senkrechten Koordinaten aufgezeichnet werden, um dadurch ein anschauliches Bild der wichtigsten hier in Betracht kommenden Funktionen zu erhalten.

1. Ein Kupferdraht sei bei einer Spannweite von 60 m entsprechend den Normalien des V. D. E. gespannt, so daß er im ungünstigsten Beanspruchungsfall eine Beanspruchung von gerade 12 kg/qmm aufweist. Es ist festzustellen, welche Werte die Beanspruchung und der Durchhang bei irgendeiner Temperatur annehmen, wenn der Draht nur durch Eigengewicht belastet ist.

Nach den Tabellen des Kapitels III ist für $p_{max} = 12$ kg/qmm die Spannweite $60 \text{ m} > x_p$, wir haben somit den ungünstigsten Beanspruchungsfall bei $-5^0$ und Maximalbelastung.

Setzt man in die Gleichungen:

$$t = 0{,}2\,\frac{x^2}{p^2} - 0{,}045\,p - 1{,}5\,\frac{x^2}{p_{max}^2} + 0{,}045\,p_{max} - 5\,,$$

$$f = 11{,}1 \cdot 10^{-4} \cdot \frac{x^2}{p}$$

die Werte:

$$x = 6000 \text{ cm} \qquad \text{und} \qquad p_{max} = 1200 \text{ kg/cm}^2,$$

so werden sie:

$$t = 720 \cdot 10^4 \cdot \frac{1}{p^2} - 0{,}045 \cdot p + 11{,}5\,; \qquad f = \frac{400 \cdot 10^2}{p}\,.$$

Mit $p = 300$ kg/qcm wird $t = +78{,}0^0$ und $f = 133$ cm

| | | | |
|---|---|---|---|
| 400 | „ | $+38{,}5^0$ | 100 „ |
| 500 | „ | $+18{,}0^0$ | 80 „ |
| 800 | „ | $-13{,}5^0$ | 50 „ |

Siehe Fig. 2, wodurch $p$ und $f$ für ein beliebiges $t$ gegeben.

2. Es soll ein Kupferdraht bei 120 m Spannweite für eine Maximalbeanspruchung von 16 kg/qmm unter Zugrundelegung der Verbandsnormalien montiert werden. Die Beanspruchung und der Durchhang für jede Temperatur bei Abwesenheit von Zusatzlast sollen angegeben werden.

Der ungünstigste Beanspruchungsfall tritt wiederum gleichzeitig mit der Maximalbelastung bei $-5^0$ auf.

Wir hatten dafür:

$$t = 0{,}2\,\frac{x^2}{p^2} - 0{,}045\,p - 1{,}5\,\frac{x^2}{p_{max}^2} + 0{,}045\,p_{max} + t_0,$$

$$f = 11{,}1 \cdot 10^{-4} \cdot \frac{x^2}{p}.$$

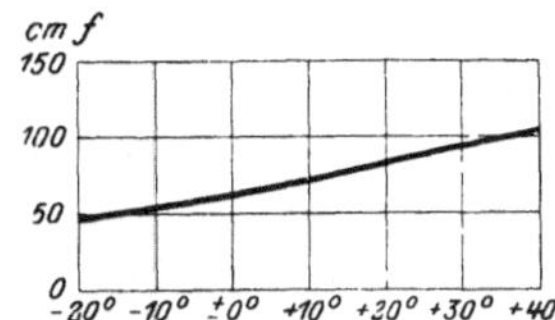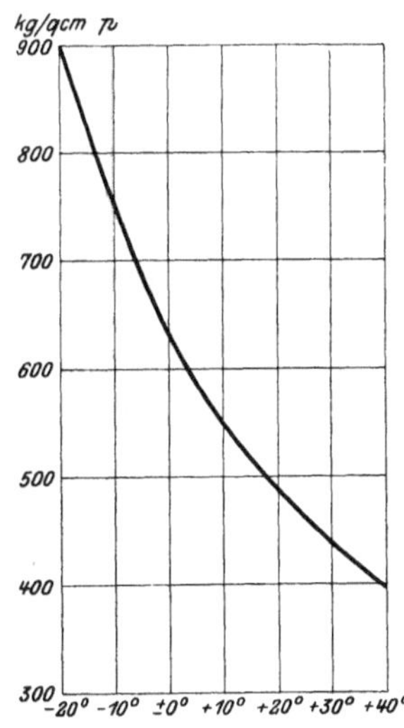

Fig. 2.

Änderung der Beanspruchung und des Durchhangs eines Kupferdrahtes mit der Temperatur bei 60 m Spannweite.

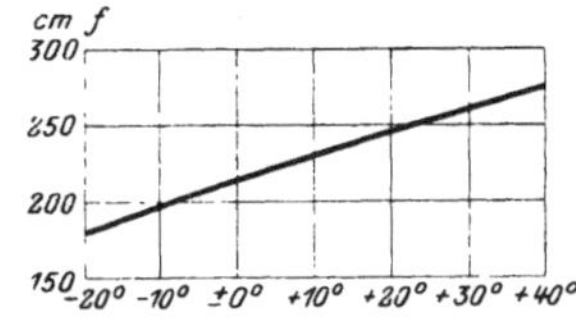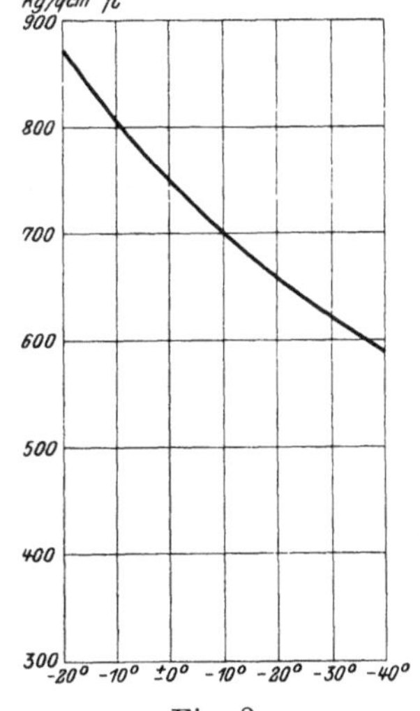

Fig. 3.

Änderung der Beanspruchung und des Durchhangs eines Kupferdrahtes mit der Temperatur bei 120 m Spannweite.

Diese Gleichungen gehen mit $x = 12\,000$ cm und $p_{max} = 1600$ kg/cm² über in:

$$t = 2880 \cdot 10^4 \cdot \frac{1}{p^2} - 0{,}045\,p - 17{,}3; \qquad f = \frac{1600 \cdot 10^2}{p}.$$

Mit $p = 900$ kg/cm² wird $t = -22{,}2^0$ und $f = 178$ cm

|  |  |  |  |
|---|---|---|---|
| 800 | „ | $- 8{,}3^0$ | 200 „ |
| 700 | „ | $+ 10{,}1^0$ | 229 „ |
| 600 | „ | $+ 35{,}7^0$ | 267 „ |
| 550 | „ | $+ 53{,}1^0$ | 290 „ |

Siehe Fig. 3.

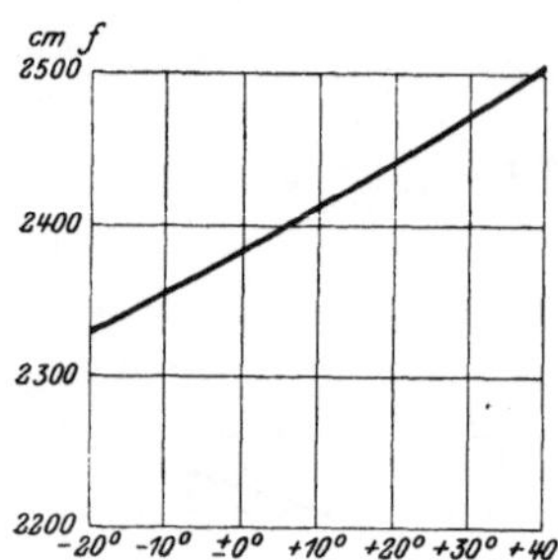

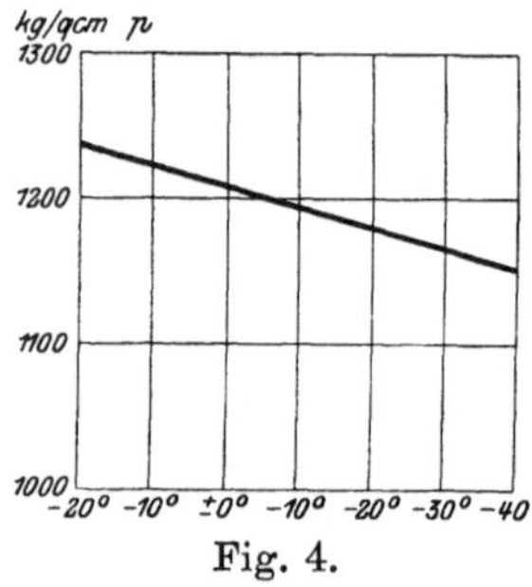

Fig. 4.

Änderung der Beanspruchung und des Durchhangs eines Bronzedrahtes mit der Temperatur bei 500 m Spannweite.

3. Es soll untersucht werden, welche Durchhänge sich bei den verschiedenen Temperaturen bei einer Spannweite von 500 m bei einem Bronzeseil einstellen, wenn eine maximale Beanspruchung von 25 kg/qmm zugelassen wird. (Die mechanischen Eigenschaften des Materials mögen den früher für Hartkupfer angeführten entsprechen.) Hierbei sei angenommen, daß die Maximalbelastung bei $+15^0$ mit einem Winddruck auftreten möge, der eine Gesamtbelastung des Seils von 0,021 kg/cm³ hervorrufen würde.

Die Maximalbeanspruchung tritt gleichzeitig mit der Maximalbelastung auf. Dies ließe sich mit Gl. (4) für $\varrho_{max} = 0{,}021$ kg/cm³ und $t_0 - t = 35^0$ beweisen, doch kann dies bei der vorliegenden großen Spannweite ohne weiteres angenommen werden. Die anzustellende Berechnung gestattet übrigens, diese Annahme auf ihre Richtigkeit nachzuprüfen.

Wir gehen aus von den Formeln für Durchhang resp. Beanspruchung:

$$t = 15{,}7 \cdot 10^4 \cdot \frac{f^2}{x^2} - 0{,}5 \cdot 10^{-4} \cdot \frac{x^2}{f} - 2450 \frac{\varrho_0{}^2}{p_0{}^2} x^2 + 0{,}045\, p_0 + t_0,$$

$$p = 11{,}1 \cdot 10^{-4} \cdot \frac{x^2}{f}.$$

und setzen darin:

$$x = 50000 \text{ cm}; \quad p_{max} = 2500 \text{ kg/cm}^2; \quad \varrho_{max} = 0{,}021 \text{ kg/cm}^3$$
$$t_0 = +15^0.$$

Damit kommt

$$t = 0{,}628 \cdot 10^{-4} \cdot f^2 - \frac{12{,}5 \cdot 10^2}{f} - 302; \qquad p = \frac{27750 \cdot 10^2}{f}.$$

Mit $f = 2000$ cm wird $t = -113^0$ und $p = 1440$ kg/cm²

| | | |
|---|---|---|
| 2300 „ | $-\ 25^0$ | 1250 „ |
| 2400 „ | $+\ \ 6^0$ | 1200 „ |
| 2500 „ | $+\ 40^0$ | 1150 „ |

Siehe Fig. 4.

Wie aus dieser Zusammenstellung hervorgeht, wird der Wert von $p_{max} = 2500$ kg/cm² bei der niedrigsten Temperatur von $-20°$ nicht erreicht; unsere obige Annahme ist also gerechtfertigt.

Über die eben berechneten, in Fig. 2 bis 4 aufgenommenen Kurven ist allgemein zu sagen, daß die Kurven für die Beanspruchung bei steigender Temperatur abfallen, während umgekehrt die Kurven für den Durchhang mit der Temperatur aufsteigen.

Die Kurven für die Beanspruchung werden bei größer werdenden Spannweiten flacher; umgekehrt ist die Änderung des Durchhanges um so geringer, je kleiner die Spannweite ist.

Einen bedeutend besseren Überblick über alle diese Verhältnisse geben die Funktionen $(x, p)$ und $(x, f)$, wenn man diese für Temperaturen, die etwa um je $10°$ voneinander verschieden sind, berechnet und gleichzeitig in ein Koordinatensystem aufzeichnet.

Es sollen solche Kurventafeln für Hartkupfer und Aluminium für Spannweiten bis 200 m unter Zugrundelegung der Verbandsnormalien berechnet werden.

4. Hartkupfer (Materialkonst. s. Kap. III).

Maximalbeanspruchung je im ungünstigsten Falle $\underline{12 \text{ kg/mm}^2}$ (siehe Fig. 5 und 6).

Hierfür ist:

$$x_p = 4240 \text{ cm,}$$

$$p_{konst} = 447 \text{ kg/cm}^2 = \text{Asymptote der } (x, p)\text{-Kurven,}$$

$$t_f = +29°.$$

a) Es werden zunächst die Kurven für $x > x_p$ berechnet.
Bei $t = t_f = 29°$ wird

$$f = \frac{239 \cdot 10^{-4}}{8 \cdot 1200} \cdot x^2,$$

| | | |
|---|---|---|
| $p = p_{konst}$; | $x = 6000$ cm; | $f = 89$ cm |
| | 8000 „ | 158 „ |
| | 9000 „ | 200 „ |
| | 10000 „ | 247 „ |
| | 11000 „ | 299 „ |
| | 12000 „ | 355 „ |
| | 13000 „ | 418 „ |
| | 14000 „ | 485 „ |
| | 15000 „ | 557 „ |
| | 16000 „ | 631 „ |
| | 17000 „ | 712 „ |
| | 18000 „ | 800 „ |
| | 19000 „ | 890 „ |
| | 20000 „ | 989 „ |

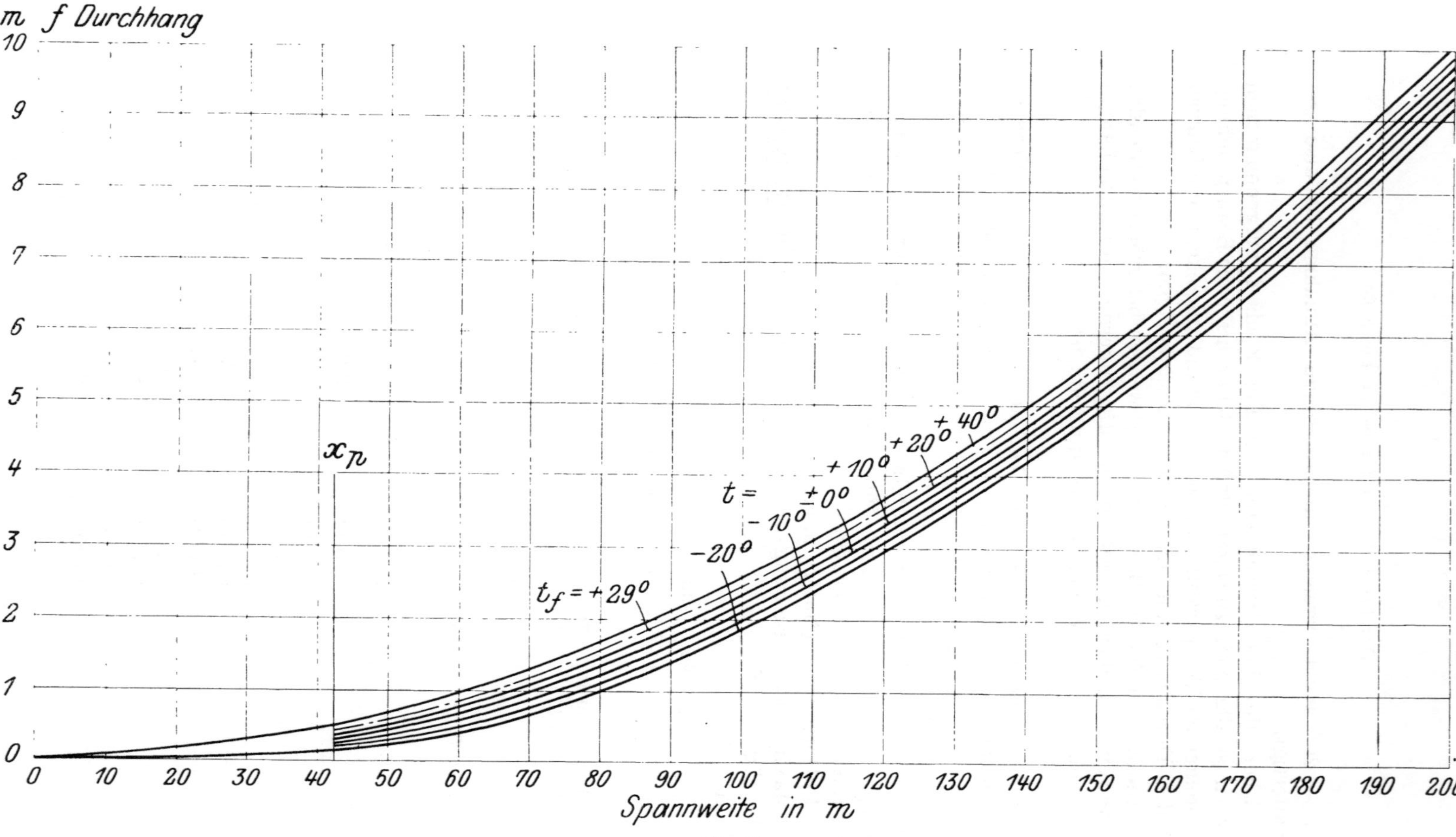


Fig. 5.

Beanspruchung und Durchhang eines Kupferdrahtes bei verschiedenen Temperaturen für alle Spannweiten bis 200 m. Maximalbeanspruchung im ungünstigsten Falle **12 kg/qmm.**

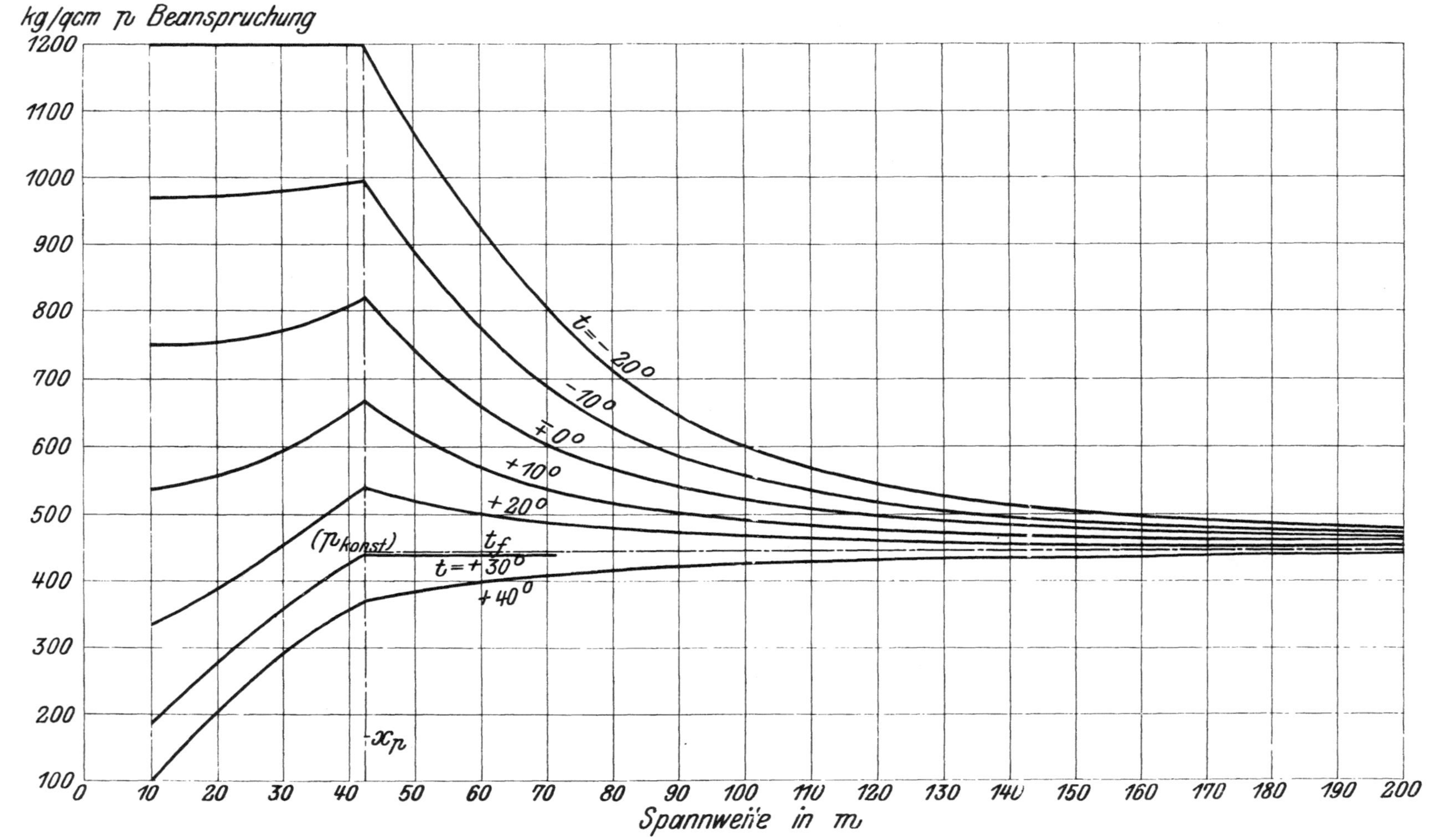

kg/qcm v Beanspruchung
1200
1100
1000
900
800
700
600
500
400
300
200
100
t = -20°
-10°
±0°
+10°
+20°
(v_konst.)
t_f
t = +30°
+40°
x_v
0  10  20  30  40  50  60  70  80  90  100  110  120  130  140  150  160  170  180  190  200
Spannweite in m

Diese Parabel wird zweckmäßigerweise zuerst gezeichnet, weil von ihr die größte Zahl von Punkten gegeben ist und sich die anderen an sie anschmiegen.

Wir hatten für Hartkupfer:

$$x = 0{,}18 \, p_{max} \cdot p \sqrt{\frac{[p_{max} - 22{,}1 \,(t + 5)] - p}{p^2 - (p_{max}/2{,}67)^2}} \, .$$

Mit $p_{max} = 1200$ kg/cm² wird:

$$0{,}18 \cdot p_{max} = 217 \, ,$$
$$p_{max}/2{,}67 = 20{,}25 \cdot 10^4$$

und

$$\text{mit } t = -20 \quad -10 \quad \mp 0 \quad +10 \quad +20 \quad +30 \quad +40^0 :$$
$$p_{max} - 22{,}1\,(t+5) = 1531 \quad 1310 \quad 1089 \quad 869 \quad 648 \quad 426 \quad 205 \, .$$

Die Berechnung gestaltet sich wie folgt:

$t = + 40^0$

$$x = 217 \cdot p \sqrt{\frac{p - 205}{20{,}25 \cdot 10^4 - p^2}} \, ; \qquad f = 11{,}1 \cdot 10^{-4} \cdot \frac{x^2}{p} \, ;$$

| $p =$ 445 kg/cm²; | $x =$ 23 200 cm; | $f =$ 1340 cm, |
|---|---|---|
| 440 „ | 15 500 „ | 608 „ |
| 430 „ | 10 840 „ | 302 „ |
| 400 „ | 5 880 „ | 97 „ |
| 380 „ | 4 520 „ | 57 „ |

Die Kurve für $t = + 30^0$ ist entbehrlich, weil die Kurve für $t = + 29^0$ aufgezeichnet wird.

$t = + 20^0$

$$x = 217 \cdot p \sqrt{\frac{648 - p}{p^2 - 20{,}25 \cdot 10^4}} \, ; \qquad f = 11{,}1 \cdot 10^4 \cdot \frac{x^2}{p} \, ;$$

| $p =$ 600 kg/cm²; | $x =$ 2279 cm; | $f =$ 9,6 cm; |
|---|---|---|
| 500 „ | 6 070 „ | 82 „ |
| 480 „ | 8 150 „ | 154 „ |
| 460 „ | 14 360 „ | 496 „ |
| 455 „ | 20 230 „ | 998 „ |

$t = + 10^0$

$$x = 217 \cdot p \sqrt{\frac{869 - p}{p^2 - 20{,}25 \cdot 10^4}} \, ; \qquad f = 11{,}1 \cdot 10^4 \cdot \frac{x^2}{p} \, ;$$

| $p =$ 800 kg/cm²; | $x =$ 2180 cm; | $f =$ 6,6 cm; |
|---|---|---|
| 600 „ | 5 390 „ | 53,9 „ |
| 500 „ | 9 560 „ | 204,5 „ |
| 480 „ | 12 300 „ | 350,0 „ |
| 460 „ | 21 190 „ | 1081,0 „ |

$t = \pm 0^\circ$

$$x = 217 \cdot p \sqrt{\frac{1089 - p}{p^2 - 20{,}25 \cdot 10^4}} \, ; \qquad f = 11{,}1 \cdot 10^4 \cdot \frac{x^2}{p} \, ;$$

| | | |
|---|---|---|
| $p = 800$ kg/cm²; | $x = 4450$ cm; | $f = 30{,}0$ cm; |
| 700 „ | 5500 „ | 49,0 „ |
| 600 „ | 7100 „ | 94,0 „ |
| 500 „ | 11870 „ | 315,0 „ |
| 480 „ | 14550 „ | 487,0 „ |
| 465 „ | 19800 „ | 930,0 „ |

$t = -10^\circ$

$$x = 217 \cdot p \sqrt{\frac{1310 - p}{p^2 - 20{,}25 \cdot 10^4}} \, ; \qquad f = 11{,}1 \cdot 10^4 \cdot \frac{x^2}{p} \, ;$$

| | | |
|---|---|---|
| $p = 950$ kg/cm²; | $x = 4540$ cm; | $f = 26{,}0$ cm; |
| 800 „ | 5750 „ | 45,0 „ |
| 600 „ | 8630 „ | 137,0 „ |
| 500 „ | 13530 „ | 401,0 „ |
| 475 „ | 19050 „ | 842,0 „ |

$t = -20^\circ$

$$x = 217 \cdot p \sqrt{\frac{1531 - p}{p^2 - 20{,}25 \cdot 10^4}} \, ; \qquad f = 11{,}1 \cdot 10^4 \cdot \frac{x^2}{p} \, ;$$

| | | |
|---|---|---|
| $p = 1200$ kg/cm²; | $x = 4240$ cm; | $f = 17{,}9$ cm; |
| 800 „ | 7100 „ | 70,0 „ |
| 600 „ | 10000 „ | 189,0 „ |
| 500 „ | 15960 „ | 565,0 „ |
| 480 „ | 21200 „ | 1040,0 „ |

b) **Spannweiten** $x < x_p$.

Es ist allgemein, wenn $\varrho_0 = \varrho = \delta$:

$$x = p \, \frac{p_{max}}{\delta} \sqrt{24\,\alpha} \cdot \sqrt{\frac{p - \left[ p_{max} - \frac{\vartheta}{\alpha}\left(t - t_0\right)\right]}{p_{max}^2 - p^2}} \, ,$$

worin $t_0 = -20^\circ$ zu setzen ist.

Mit $p_{max} = 1200$ kg/cm² wird:

$$\frac{p_{max}}{\delta} \cdot \sqrt{24\,\alpha} = 580 \, ,$$

$$p_{max}^2 = 144 \cdot 10^4$$

und mit

$$t = -20 \quad -10 \quad \mp 0 \quad +10 \quad +20 \quad +30 \quad +40^\circ :$$

$$p_{max} - \frac{\vartheta}{\alpha}\left(t - t_0\right) = 1200 \quad 979 \quad 758 \quad 537 \quad 316 \quad 93 \quad -128.$$

Damit berechnen wir für:

$t = + 40^0$

$$x = 580 \cdot p \sqrt{\frac{p + 128}{144 \cdot 10^4 - p^2}}\,; \qquad f = 11{,}1 \cdot 10^{-4} \cdot \frac{x^2}{p}\,;$$

| | | |
|---|---|---|
| $p = 400 \text{ kg/cm}^2$; | $x = 4710 \text{ cm}$; | $f = 61{,}3 \text{ cm}$; |
| 300 „ | 3100 „ | 35,5 „ |
| 200 „ | 1770 „ | |
| 150 „ | 1220 „ | |

$t = + 30^0$

$$x = 580 \cdot p \sqrt{\frac{p - 93}{144 \cdot 10^4 - p^2}}\,;$$

| | |
|---|---|
| $p = 450 \text{ kg/cm}^2$; | $x = 4450 \text{ cm}$; |
| 300 „ | 2140 „ |
| 200 „ | 1020 „ |
| 150 „ | 554 „ |

$x = + 20^0$

$$x = 580 \cdot p \sqrt{\frac{p - 316}{144 \cdot 10^4 - p^2}}\,;$$

| | |
|---|---|
| $p = 550 \text{ kg/cm}^2$; | $x = 4570 \text{ cm}$; |
| 500 „ | 3600 „ |
| 400 „ | 1880 „ |
| 350 „ | 1040 „ |

$t = + 10^0$

$$x = 580 \cdot p \sqrt{\frac{p - 537}{144 \cdot 10^4 - p^2}}\,;$$

| | |
|---|---|
| $p = 700 \text{ kg/cm}^2$; | $x = 5310 \text{ cm}$; |
| 650 „ | 3975 „ |
| 600 „ | 2660 „ |
| 550 „ | 1080 „ |

$t = \pm 0^0$

$$x = 580 \cdot p \sqrt{\frac{p - 758}{144 \cdot 10^4 - p^2}}\,;$$

| | |
|---|---|
| $p = 850 \text{ kg/cm}^2$; | $x = 5580 \text{ cm}$; |
| 800 „ | 3365 „ |
| 780 „ | 2320 „ |
| 760 „ | 670 „ |

$t = - 10^0$

$$x = 580 \cdot p \sqrt{\frac{p - 979}{144 \cdot 10^4 - p^2}}$$

$$p = 1000\ \text{kg/cm}^2; \qquad x = 4010\ \text{cm};$$
$$990\ \text{„} \qquad 2800\ \text{„}$$
$$980\ \text{„} \qquad 820\ \text{„}$$
$$979\ \text{„} \qquad 0\ \text{„}$$

$$t = -20^0$$

$$x = \frac{0}{0}\,; \qquad p = p_{max}.$$

5. Hartkupfer. Maximal-Beanspruchung (im ungünstigsten Falle) 14 kg/mm$^2$ (siehe Fig. 7 und 8).

Hierfür ist:

$$x_p = 4950\ \text{cm}$$
$$p_{konst} = 520\ \text{kg/cm}^2$$
$$= \text{Asymptote der } (x,\ p)\text{-Kurven}$$
$$t_f = 34{,}6^0.$$

a) Es werden zuerst die Kurven für $x > x_p$ berechnet.

Bei $\qquad t = t_f = 34{,}6^0$

wird

$$f = \frac{23{,}9 \cdot 10^{-3}}{8 \cdot 1400}\ x^2$$

$$x = 5\,000\ \text{cm}; \qquad f = 53{,}2\ \text{cm};$$
$$6\,000\ \text{„} \qquad 76{,}9\ \text{„}$$
$$7\,000\ \text{„} \qquad 104{,}2\ \text{„}$$
$$8\,000\ \text{„} \qquad 136{,}2\ \text{„}$$
$$9\,000\ \text{„} \qquad 172{,}1\ \text{„}$$
$$10\,000\ \text{„} \qquad 213{,}0\ \text{„}$$
$$12\,000\ \text{„} \qquad 306{,}5\ \text{„}$$
$$14\,000\ \text{„} \qquad 417{,}5\ \text{„}$$
$$16\,000\ \text{„} \qquad 546{,}0\ \text{„}$$
$$18\,000\ \text{„} \qquad 690{,}0\ \text{„}$$
$$20\,000\ \text{„} \qquad 851{,}0\ \text{„}$$

Es ist wiederum:

$$x = 0{,}18\,p_{max} \cdot p\ \sqrt{\frac{[p_{max} - 22{,}1\,(t+5)] - p}{p^2 - (p_{max}/2{,}67)^2}}.$$

Mit $p_{max} = 1400\ \text{kg/cm}^2$ wird:

$$0{,}18 \cdot p_{max} = 253$$
$$(p_{max}/2{,}67)^2 = 27{,}15 \cdot 10^4$$

und mit $t = -20 \quad -10 \quad \pm 0 \quad +10 \quad +20 \quad +30 \quad +40^0$:

$$[p_{max} - 22{,}1\,(t+5)] = 1731 \quad 1510 \quad 1290 \quad 1069 \quad 848 \quad 625 \quad -405.$$

Die Berechnung gestaltet sich wie folgt:

$$t = +40^0$$

$$x = 253 \cdot p\ \sqrt{\frac{-405 + p}{-p^2 + 27{,}15 \cdot 10^4}}\,; \qquad f = 11{,}1 \cdot 10^{-4} \cdot \frac{x^2}{p}\,;$$

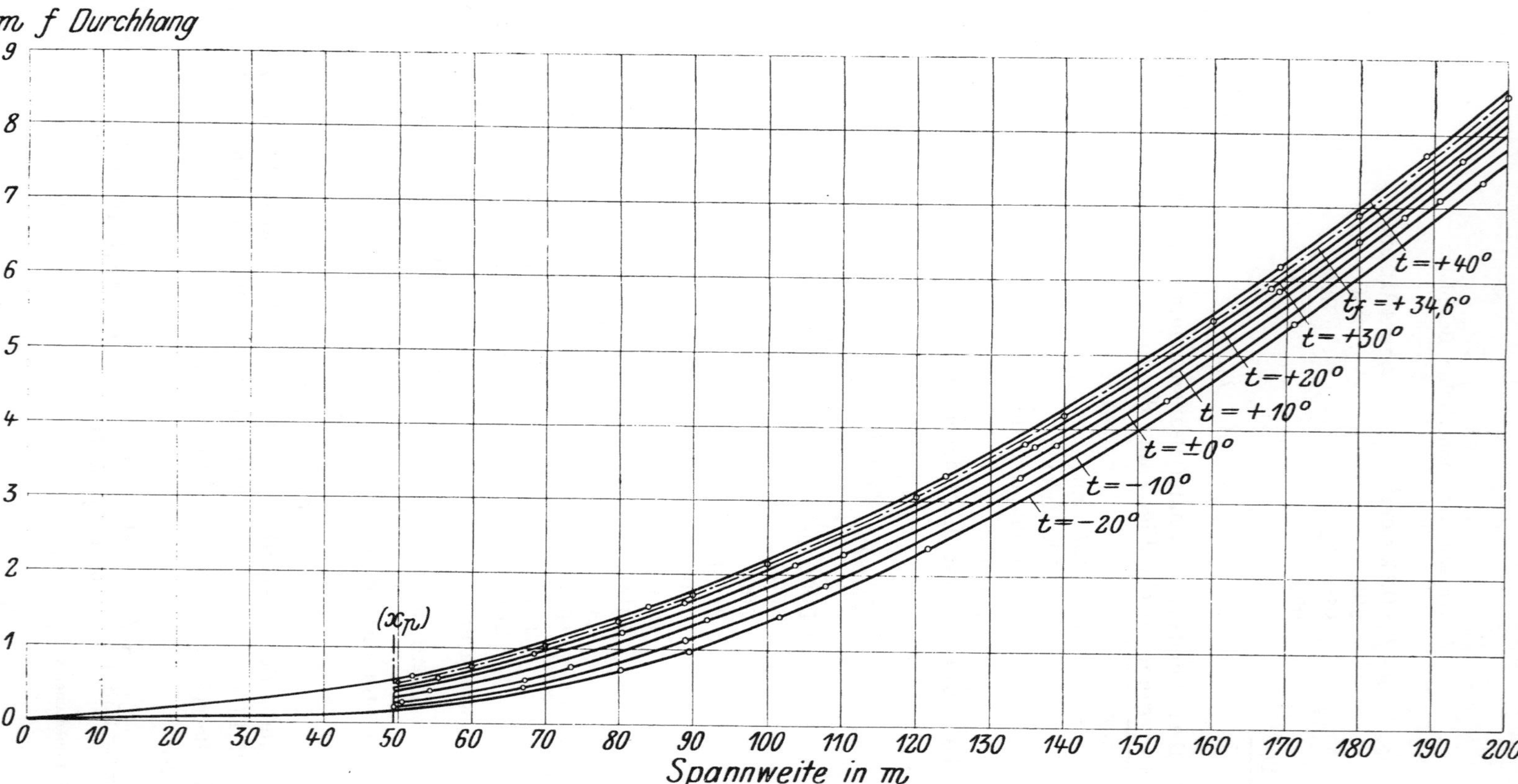


Fig. 7.

Beanspruchung und Durchhang eines Kupferdrahtes bei verschiedenen Temperaturen für alle Spannweiten bis 200 m. Maximalbeanspruchung im ungünstigsten Falle **14 kg/qmm.**

kg/qcm n Beanspruchung
1400
1300
1200
1100
1000
900
800
700
600
500
400
300
200
t=-20°
t=-10°
t=±0°
t=+10°
t=+20°
t=+30°
tf=+34,6°
(n konst.)
t=+40°
xn
0 10 20 30 40 50 60 70 80 90 100 110 120 130 140 150 160 170 180 190 200
Spannweite in m

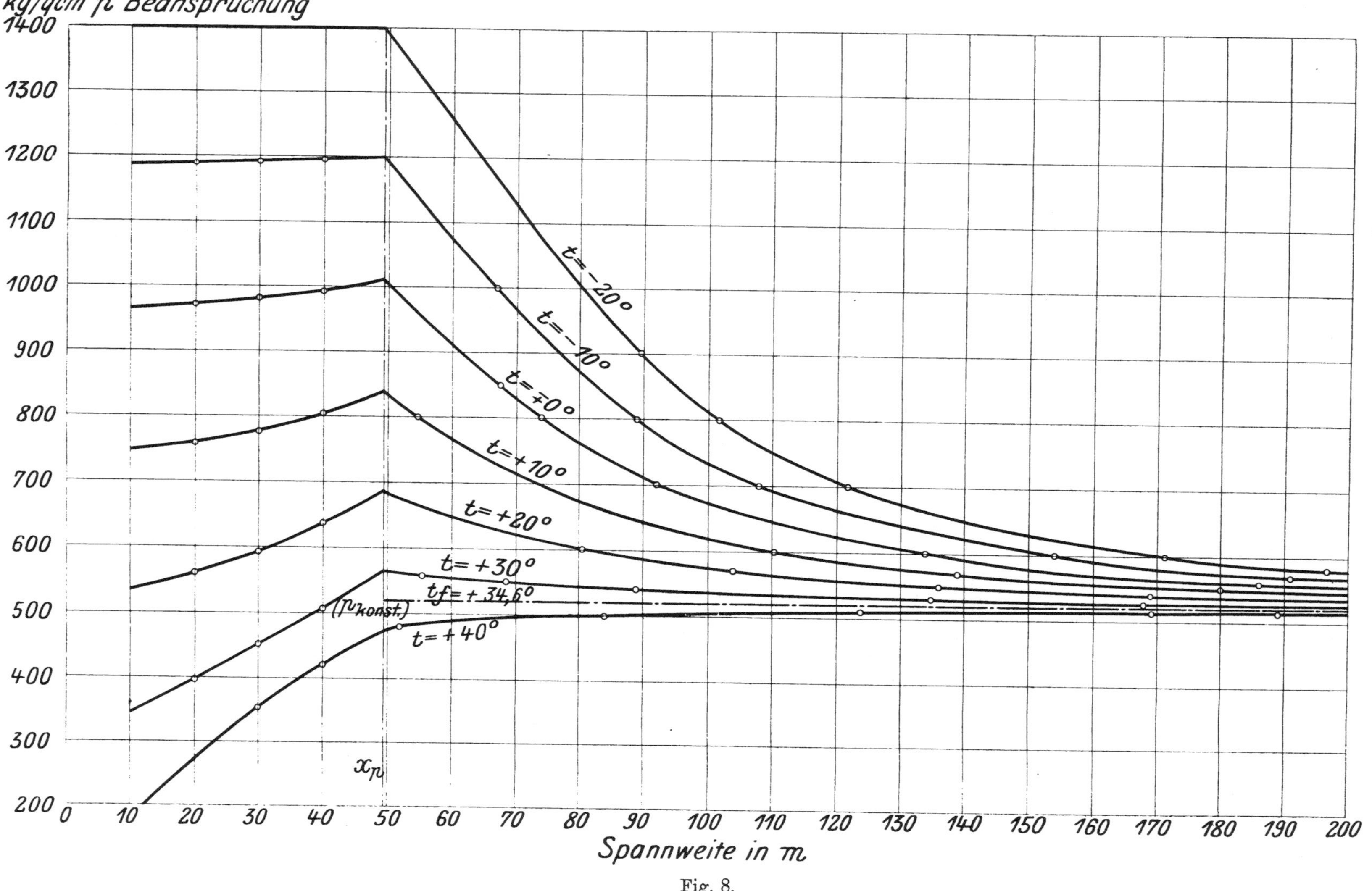

Fig. 8.

$$p = 480 \text{ kg/cm}^2; \qquad x = 5190 \text{ cm}; \qquad f = 62,2 \text{ cm};$$

| | | |
|---|---|---|
| 500 „ | 8400 „ | 157,1 „ |
| 510 „ | 12390 „ | 335,0 „ |
| 515 „ | 16910 „ | 619,0 „ |
| 516 . „ | 18900 „ | 770,0 „ |
| 518 „ | 24600 „ | 1300,0 „ |

$$t = +30^0$$

$$x = 253 \cdot p \sqrt{\frac{625 - p}{p^2 - 27,15 \cdot 10^4}}; \qquad f = 11,1 \cdot 10^{-4} \cdot \frac{x^2}{p};$$

$$p = 600 \text{ kg/cm}^2; \qquad x = 2550 \text{ cm}; \qquad f = 12,0 \text{ cm};$$

| | | |
|---|---|---|
| 580 „ | 3860 „ | 28,5 „ |
| 560 „ | 5550 „ | 61,0 „ |
| 550 „ | 6850 „ | 94,8 „ |
| 540 „ | 8890 „ | 162,5 „ |
| 530 „ | 13480 „ | 380,0 „ |
| 527 „ | 16770 „ | 592,0 „ |
| 525 „ | 20700 „ | 908,0 „ |

$$t = +20^0$$

$$x = 253 \cdot p \sqrt{\frac{848 - p}{p^2 - 27,15 \cdot 10^4}}; \qquad f = 11,1 \cdot 10^{-4} \cdot \frac{x^2}{p};$$

$$p = 800 \text{ kg/cm}^2; \qquad x = 2310 \text{ cm}; \qquad f = 7,4 \text{ cm};$$

| | | |
|---|---|---|
| 700 „ | 4065 „ | 33,6 „ |
| 600 „ | 8050 „ | 120,0 „ |
| 570 „ | 10400 „ | 211,0 „ |
| 550 „ | 13610 „ | 375,0 „ |
| 540 „ | 16890 „ | 588,0 „ |
| 530 „ | 24620 „ | 1278,0 „ |

$$t = +10^0$$

$$x = 253 \cdot p \sqrt{\frac{1069 - p}{p^2 - 27,15 \cdot 10^4}}; \qquad f = 11,1 \cdot 10^{-4} \cdot \frac{x^2}{p};$$

$$p = 1000 \text{ kg/cm}^2; \qquad x = 2461 \text{ cm}; \qquad f = 6,75 \text{ cm};$$

| | | |
|---|---|---|
| 800 „ | 5460 „ | 41,5 „ |
| 600 „ | 11020 „ | 225,5 „ |
| 570 „ | 13900 „ | 378,0 „ |
| 550 „ | 18000 „ | 655,0 „ |
| 546 „ | 19400 „ | 767,0 „ |
| 540 „ | 22100 „ | 1006,0 „ |

$$t = +0^0$$

$$x = 253 \cdot p \sqrt{\frac{1290 - p}{p^2 - 27,15 \cdot 10^4}}; \qquad f = 11,1 \cdot 10^{-4} \cdot \frac{x^2}{p};$$

$$p = 1000 \text{ kg/cm}^2; \qquad x = 5050 \text{ cm}; \qquad f = 28,3 \text{ cm};$$

| | | |
|---|---|---|
| 850 „ | 6730 „ | 59,0 „ |
| 800 „ | 7360 „ | 75,5 „ |
| 700 „ | 9200 „ | 134,1 „ |
| 600 „ | 13400 „ | 333,0 „ |
| 560 „ | 18610 „ | 689,0 „ |
| 550 „ | 21450 „ | 930,0 „ |

$t = -10^0$

$$x = 253 \cdot p \sqrt{\frac{1510 - p}{p^2 - 27{,}15 \cdot 10^4}}; \qquad f = 11{,}1 \cdot 10^{-4} \cdot \frac{x^2}{p};$$

$$p = 1200 \text{ kg/cm}^2; \qquad x = 4950 \text{ cm}; \qquad f = 22{,}7 \text{ cm};$$

| | | |
|---|---|---|
| 1000 „ | 6700 „ | 49,3 „ |
| 800 „ | 8900 „ | 110,0 „ |
| 700 „ | 10790 „ | 184,0 „ |
| 600 „ | 15400 „ | 438,0 „ |
| 570 „ | 19100 „ | 711,0 „ |

$t = -20^0$

$$x = 253 \cdot p \sqrt{\frac{1731 - p}{p^2 - 27{,}15 \cdot 10^4}}; \qquad f = 11{,}1 \cdot 10^{-4} \cdot \frac{x^2}{p};$$

$$p = 1400 \text{ kg/cm}^2; \qquad x = 4950 \text{ cm}; \qquad f = 38{,}0 \text{ cm};$$

| | | |
|---|---|---|
| 1000 „ | 8040 „ | 72,0 „ |
| 900 „ | 8950 „ | 99,0 „ |
| 800 „ | 10180 „ | 144,0 „ |
| 700 „ | 12175 „ | 235,0 „ |
| 600 „ | 17120 „ | 543,0 „ |
| 580 „ | 19680 „ | 735,0 „ |

Die Berechnung dieser Kurven kann natürlich auch mittels der
$Fu\,(t, p)$ und $Fu\,(t, f)$ geschehen, indem man für einzelne Spannweiten
diese Kurven als Hilfskonstruktion festlegt, daraus die betreffenden
Werte für $-20^0$, $-10^0$, $+0^0$ usw. abliest und in ein Koordinatensystem $x, p$ resp. $x, f$ aufträgt. Es sind dann nur Punkte gleicher
Temperatur zu verbinden, um die Kurven $(x, p)$ und $(x, f)$ zu erhalten. Dieser Weg soll nun für die Spannweiten unter $x_p$ eingeschlagen werden.

b) $\underline{x < x_p}$

$$\varrho_0 = \varrho = \delta$$

$$p_{max} = 1400 \text{ kg/cm}^2 \text{ bei } t_0 = t_{min} = -20^0.$$

Wir hatten:

$$t = 0{,}195 \frac{x^2}{p^2} - 0{,}0452\, p - \underbrace{0{,}195 \frac{x^2}{p_0{}^2} + 0{,}0452\, p_0 + t_0}_{c_8}$$

hierin ist

$$\text{mit } x = 0 \quad \text{cm}; \qquad c_8 = +43{,}3^0;$$
$$2000 \; „ \qquad\qquad +42{,}9$$
$$3000 \; „ \qquad\qquad +42{,}4$$
$$4000 \; „ \qquad\qquad +41{,}7$$
$$4950 \; „ \qquad\qquad +40{,}9$$

$\underline{x = 0}$

$$t = -0{,}0452\,p + 43{,}3$$

$$p = \frac{43{,}3 - t}{0{,}0452}$$

$$t = -20^0; \qquad p = 1400 \text{ kg}; \qquad f = 0;$$
$$-10 \qquad\qquad 1180 \; „$$
$$+\;0 \qquad\qquad 958 \; „$$
$$+10 \qquad\qquad 740 \; „$$
$$+20 \qquad\qquad 515 \; „$$
$$+30 \qquad\qquad 294 \; „$$
$$+40 \qquad\qquad 73 \; „$$

$\underline{x = 2000 \text{ cm}}$

$$t = 0{,}195\,\frac{x^2}{p^2} - 0{,}0452\,p + 42{,}9; \qquad f = 11{,}1 \cdot 10^{-4} \cdot \frac{x^2}{p};$$

| $p =$ | | $t=$ | | | | $f=$ |
|---|---|---|---|---|---|---|
| 1400 kg/cm²; | | | | $-20^0$ | | 3,2 cm; |
| 1200 | „ | $=0{,}5$ | $-54{,}1$ | $+42{,}9 = -10{,}7$ | | 3,8 „ |
| 1000 | „ | 0,8 | 45,2 | 42,9 | $-1{,}5$ | 4,5 „ |
| 800 | „ | 1,2 | 36,2 | 42,9 | $+7{,}9$ | 5,5 „ |
| 400 | „ | 4,9 | 18,1 | 42,9 | $+29{,}7$ | 11,1 „ |
| 300 | „ | 8,7 | 13,6 | 42,9 | $+38{,}0$ | 14,8 „ |
| 200 | „ | 19,5 | 9,05 | 42,9 | $+53{,}4$ | 22,2 „ |

$\underline{x = 3000 \text{ cm}}$

$$t = 0{,}195\,\frac{x^2}{p^2} - 0{,}0452\,p + 42{,}4$$

| $p =$ | | $t=$ | | | $-20^0$ |
|---|---|---|---|---|---|
| 1400 kg/cm²; | | | | | |
| 1200 | „ | $=1{,}2$ | $-54{,}1$ | $+42{,}4 = -10{,}5$ | |
| 1000 | „ | 1,8 | 45,2 | 42,4 | $-1{,}0$ |
| 800 | „ | 2,7 | 36,2 | 42,4 | $+8{,}9$ |
| 400 | „ | 11,0 | 18,1 | 42,4 | $+35{,}3$ |
| 200 | „ | 43,8 | 9,05 | 42,4 | $+75{,}1$ |

$\underline{x = 4000 \text{ cm}}$

$$t = 0{,}195\,\frac{x^2}{p^2} - 0{,}0452\,p + 41{,}7; \qquad f = 11{,}1 \cdot 10^{-4} \cdot \frac{x^2}{p};$$

$$p = 1400\,\text{kg/cm}^2;\quad t = \phantom{=2,2 \quad -54,1 \quad +41,7} -20^0;\quad f = 12,7\,\text{cm};$$

| $p$ | | $t=$ | | | | $f$ |
|---|---|---|---|---|---|---|
| 1200 „ | $=2,2$ | $-54,1$ | $+41,7=$ | $-10,2$ | | 14,8 „ |
| 1000 „ | 3,1 | 45,2 | 41,7 | $-0,4$ | | 17,8 „ |
| 800 „ | 4,9 | 36,2 | 41,7 | $+10,4$ | | 22,2 „ |
| 600 „ | 8,65 | 27,1 | 41,7 | $+33,2$ | | 29,5 „ |
| 400 „ | 19,5 | 18,1 | 41,7 | $+43,1$ | | 44,5 „ |

$$\underline{x = 4950\,\text{cm} = x_p}$$

$$t = 0,195\,\frac{x^2}{p^2} - 0,0452\,p + 40,9;$$

$$p = 1400\,\text{kg/cm}^2;\quad t = \phantom{=2,8 \quad -54,1 \quad +40,9} -20^0$$

| $p$ | $t=$ | | | |
|---|---|---|---|---|
| 1200 „ | $=2,8$ | $-54,1$ | $+40,9=$ | $-10,4$ |
| 1000 „ | 4,0 | 45,2 | 40,9 | $-0,3$ |
| 800 „ | 6,2 | 36,2 | 40,9 | $+10,9$ |
| 400 „ | 25,0 | 18,1 | 40,9 | $+47,8$ |

6. **Aluminium.** (Materialkonst. s. Abschnitt III.) Maximalbeanspruchung im jeweils ungünstigsten Fall <u>9 kg/mm²</u> (siehe Fig. 9 und 10).

$$x_p = 4670\,\text{cm}$$

$$p_{konst} = 140\,\text{kg} = \text{Asymptote der } (p, x)\text{-Kurven};\quad t_f = +41,2^0.$$

Der Durchhang bei $+40^0$ ist kleiner als der bei $-5^0$ mit Zusatzlast, d. h. der Maximaldurchhang tritt in diesem letzteren Falle ein.

a) Es werden wiederum zunächst die Kurven für Spannweiten $x > x_p$ berechnet.

Für
$$t = t_f = 41,2^0$$

wird
$$f = \frac{17,75 \cdot 10^{-3} \cdot x^2}{8 \cdot 900}$$

| $p = p_{konst};$ | $x = 4670\,\text{cm};$ | $f = 53,8 = f_{max};$ |
|---|---|---|
| | 4800 „ | 56,9 |
| | 5000 „ | 61,6 |
| | 5500 „ | 74,5 |
| | 6000 „ | 88,8 |
| | 7000 „ | 120,8 |
| | 8000 „ | 158,0 |
| | 9000 „ | 199,0 |
| | 10000 „ | 246,0 |
| | 11000 „ | 298,0 |
| | 12000 „ | 355,0 |
| | 13000 „ | 416,0 |
| | 14000 „ | 481,0 |

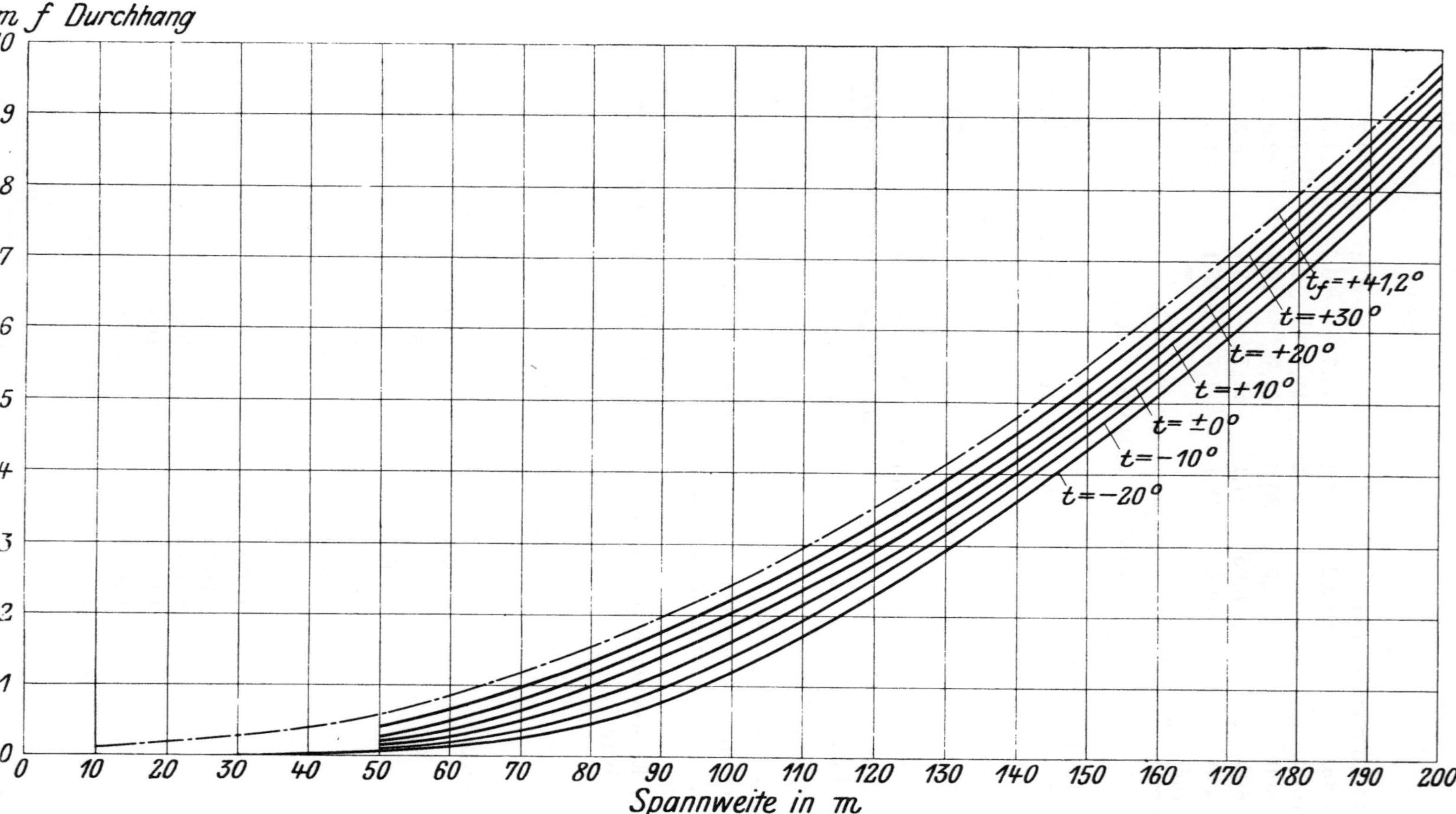


Fig. 9.

Beanspruchung und Durchhang eines Aluminiumdrahtes bei verschiedenen Temperaturen für alle Spannweiten bis 200 m. Maximalbeanspruchung im ungünstigsten Falle **9 kg/qmm.**

kg/qcm τ Beanspruchung
τ_max
t = −20°
t = −10°
t = ∓0°
t = +10°
t = +20°
t = +30°
t_f = 41,2°
(τ_konst = 140 kg/qcm)
X_τ
Spannweite in m

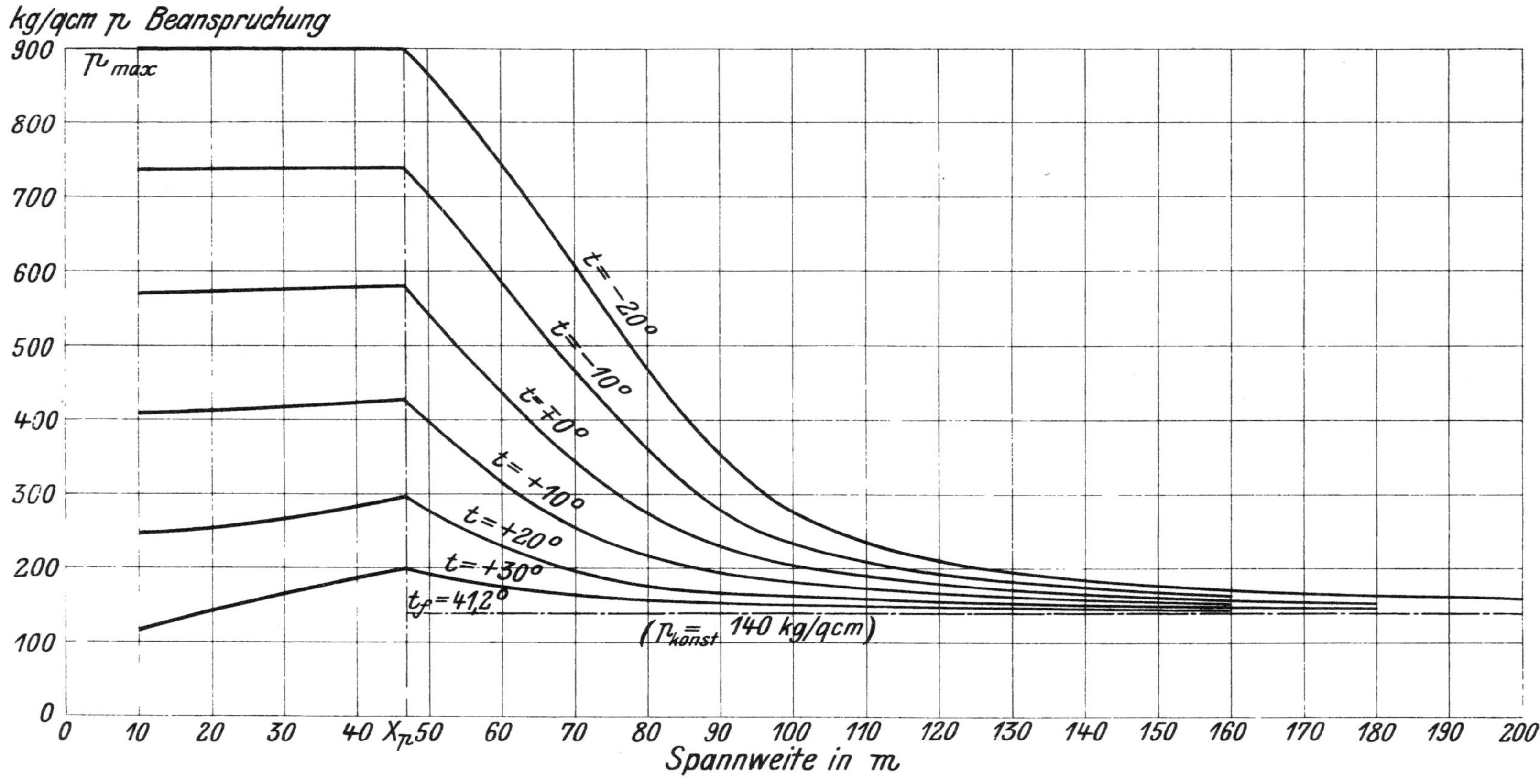

Fig. 10.

$$p = p_{konst};\qquad x = 15\,000\ \text{cm};\qquad f = 552{,}0 = f_{max};$$

| | | |
|---|---|---|
| | 16 000 „ | 630,0 |
| | 17 000 „ | 710,0 |
| | 18 000 „ | 798,0 |
| | 19 000 „ | 885,0 |
| | 20 000 „ | 984,0 |
| | 21 000 „ | 1081,0 |
| | 22 000 „ | 1192,0 |
| | 23 000 „ | 1300,0 |
| | 24 000 „ | 1420,0 |
| | 24 650 „ | 1500,0 |

Wir hatten für Aluminium:

$$x = 0{,}326\,p_{max}\cdot p \cdot \sqrt{\frac{[p_{max} - 16{,}3\,(t+5)] - p}{p^2 - (p_{max}/6{,}46)^2}}\,.$$

Mit $\qquad\qquad p = p_{max} = 900\ \text{kg/cm}^2$

wird $\qquad\qquad 0{,}326\cdot p_{max} = 294;\ (p_{max}/6{,}46)^2 = 1{,}9\cdot 10^4$

und mit $\qquad\qquad t = -20\ \ -10\ \ \mp 0\ \ +10\ \ +20\ \ +30\ \ +40^0:$

$$p_{max} - 16{,}3\,(t+5) = 1147\quad 982\quad 817\quad 653\quad 489\quad 324\quad 160$$

Damit berechnet sich für:

$\underline{t = +30^0}$

$$x = 294\cdot p \cdot \sqrt{\frac{324 - p}{p^2 - 1{,}96\cdot 10^4}};\qquad f = 3{,}45\cdot 10^{-4}\cdot\frac{x^2}{p};$$

| | | |
|---|---|---|
| $p = 200\ \text{kg/cm}^2;$ | $x = 4590\ \text{cm};$ | $f = 36{,}3\ \text{cm}$ |
| 170 „ | 6 440 | 83,9 „ |
| 150 „ | 10 800 | 268,1 „ |
| 145 „ | 15 100 | 540,0 „ |
| 143 „ | 19 430 | 908,0 „ |
| 142 „ | 25 200 | 1535,0 „ |

$\underline{t = +20^0}$

$$x = 294\cdot p\sqrt{\frac{489 - p}{p^2 - 1{,}96\cdot 10^4}};\qquad f = 3{,}45\cdot 10^{-4}\cdot\frac{x^2}{p};$$

| | | |
|---|---|---|
| $p = 300\ \text{kg/cm}^2;$ | $x = 4600\ \text{cm};$ | $f = 22\ \text{cm};$ |
| 200 „ | 6 880 „ | 77 „ |
| 165 „ | 9 750 „ | 195 „ |
| 155 „ | 13 950 „ | 435 „ |
| 150 „ | 16 100 „ | 595 „ |
| 148 „ | 19 750 „ | 925 „ |

$t = + 10^{\circ}$

$$x = 294 \cdot p \sqrt{\dfrac{653 - p}{p^2 - 1{,}96 \cdot 10^4}}; \qquad f = 3{,}45 \cdot 10^4 \cdot \dfrac{x^2}{p};$$

| | | |
|---|---|---|
| $p = 450$ kg/cm²: | $x = 4405$ cm; | $f = 14{,}9$ cm; |
| 400 „ | 4990 „ | 21,4 „ |
| 300 „ | 6250 „ | 44,9 „ |
| 200 „ | 8770 „ | 132,0 „ |
| 170 „ | 11780 „ | 279,0 „ |
| 160 „ | 13490 „ | 390,0 „ |
| 157 „ | 14480 „ | 467,5 „ |
| 156 „ | 15000 „ | 494,8 „ |
| 155 „ | 15300 „ | 518,0 „ |
| 154 „ | 15700 „ | 590,0 „ |
| 153 „ | 16300 „ | 597,5 „ |
| 150 „ | 18400 „ | 774,0 „ |
| 148 „ | 21950 „ | 965,0 „ |

$t = \pm 0^{\circ}$

$$x = 294 \cdot p \sqrt{\dfrac{817 - p}{p^2 - 1{,}96 \cdot 10^4}}; \qquad f = 3{,}45 \cdot 10^4 \cdot \dfrac{x^2}{p};$$

| | | |
|---|---|---|
| $p = 700$ kg/cm²; | $x = 3240$ cm; | $f = 5{,}2$ cm; |
| 500 „ | 5420 „ | 17,0 „ |
| 350 „ | 6940 „ | 49,0 „ |
| 200 „ | 12500 „ | 177,5 „ |
| 160 „ | 15250 „ | 495,0 „ |
| 152 „ | 20150 „ | 929,0 „ |

$t = - 10^{\circ}$

$$x = 294 \cdot p \sqrt{\dfrac{982 - p}{p^2 - 1{,}96 \cdot 10^4}}; \qquad f = 3{,}45 \cdot 10^4 \cdot \dfrac{x^2}{p};$$

| | | |
|---|---|---|
| $p = 700$ kg/cm²; | $x = 5040$ cm; | $f = 12{,}4$ cm; |
| 600 „ | 5900 „ | 19,85 „ |
| 500 „ | 6710 „ | 31,0 „ |
| 300 „ | 8710 „ | 87,0 „ |
| 250 „ | 9610 „ | 200,0 „ |
| 200 „ | 11510 „ | 228,0 „ |
| 170 „ | 14800 „ | 442,0 „ |
| 160 „ | 17410 „ | 651,0 „ |
| 150 „ | 23600 „ | 1279,0 „ |

$t = - 20^{\circ}$

$$x = 294 \cdot p \sqrt{\dfrac{1147 - p}{p^2 - 1{,}96 \cdot 10^4}}; \qquad f = 3{,}45 \cdot 10^4 \cdot \dfrac{x^2}{p};$$

$$p = 900 \text{ kg/cm}^2; \qquad x = 4670 \text{ cm}; \qquad f = 8,4 \text{ cm};$$

| | | | |
|---|---|---|---|
| 800 | „ | 5555 „ | 13,3 „ |
| 700 | „ | 6340 „ | 19,75 „ |
| 600 | „ | 7060 „ | 28,60 „ |
| 500 | „ | 7780 „ | 41,50 „ |
| 400 | „ | 8565 „ | 63,0 „ |
| 300 | „ | 9670 „ | 107,1 „ |
| 250 | „ | 10610 „ | 154,5 „ |
| 200 | „ | 12680 „ | 276,0 „ |
| 180 | „ | 14520 „ | 404,0 „ |
| 170 | „ | 16200 „ | 530,0 „ |
| 160 | „ | 19100 „ | 782,0 „ |

b) Spannweiten unter $x_p$ $(= 4670 \text{ cm})$.

Es ist wiederum mit $\varrho_0 = \varrho = \delta$

$$x = p \, \frac{p_{max}}{\delta} \sqrt{24 a \cdot} \sqrt{\frac{- \left[ p_0 - \frac{\vartheta}{a}(t - t_0) \right] + p}{p_{max}^2 - p^2}},$$

worin $t_0 = -20^{\,0}$.

Es wird hierbei:

$$\frac{p_{max}}{\delta} \cdot \sqrt{24 a} = 1898,$$

$$p_{max}^2 = 81 \cdot 10^4$$

und mit

$$t = -20 \quad -10 \quad +0 \quad +10 \quad +20 \quad +30 \quad +40^{\,0}:$$

$$p_0 - \frac{\vartheta}{a}(t - t_0) = 900 \quad 736 \quad 571,5 \quad 407 \quad 243 \quad 78,5 \quad -86.$$

$\underline{t = -20^{\,0}}$

$$f = 11,1 \cdot 10^{-4} \cdot \frac{x^2}{p};$$

$$p = p_{max}; \qquad x = 2000 \text{ cm}; \qquad f = 1,53 \text{ cm};$$

| | | |
|---|---|---|
| | 3000 „ | 3,45 „ |
| | 4670 „ | 8,42 „ |

$\underline{t = +0^{\,0}}$

$$x = 1898 \cdot p \sqrt{\frac{p - 571}{81 \cdot 10^4 - p^2}}$$

$$p = 571 \text{ kg/cm}^2; \qquad x = 0 \text{ cm};$$

| | | |
|---|---|---|
| 574 | „ | 2720 „ |
| 577 | „ | 3980 „ |
| 580 | „ | 4790 „ |

$\underline{t = +20^{\,0}}$

$$x = 1898 \cdot p \sqrt{\frac{p - 243}{81 \cdot 10^4 - p^2}}; \qquad f = 3,45 \cdot 10^{-4} \cdot \frac{x^2}{p};$$

$$p = 243 \text{ kg/cm}^2; \qquad x = 0 \quad \text{cm};$$
$$250 \quad \text{,,} \qquad 1451 \text{ ,,}$$
$$270 \quad \text{,,} \qquad 3220 \text{ ,,}$$
$$280 \quad \text{,,} \qquad 3780 \text{ ,,}$$
$$300 \quad \text{,,} \qquad 5065 \text{ ,,}$$

$$t = + 40^0$$

$$x = 1898 \cdot p \sqrt{\frac{p + 86}{81 \cdot 10^4 - p^2}}; \qquad f = 3{,}45 \cdot 10^{-4} \cdot \frac{x^2}{p};$$

$$p = 100 \text{ kg/cm}^2; \qquad x = 2898 \text{ cm}; \qquad f = 2{,}9 \text{ cm};$$
$$150 \quad \text{,,} \qquad 4940 \text{ ,,} \qquad 5{,}6 \quad \text{,,}$$
$$200 \quad \text{,,} \qquad 7325 \text{ ,,} \qquad 9{,}2 \quad \text{,,}$$

Die Kurven für $t = -10^0$, $+10^0$ und $+30^0$ wurden interpoliert.

Die eben aufgeführten Zahlenwerte sind in den Fig. 5 bis 10 aufgezeichnet. Es ist nochmals darauf hinzuweisen, daß die darauf ersichtlichen Kurven $(x, p)$ und $(x, f)$ keine effektiven Änderungsvorgänge darstellen, sondern nur ein bequemes Hilfsmittel für die Bestimmung der fraglichen Größen sein sollen. Dadurch aber, daß in ihnen die Kurven für verschiedene Temperaturen gleichzeitig Aufnahme fanden, ist es trotzdem möglich, sich mit ihnen ein Bild über die tatsächliche Änderung der Größen $p$ oder $f$ mit der Temperatur zu verschaffen. Die betreffenden Werte für zwischenliegende Temperaturen könnten nötigenfalls interpoliert werden. Diese Kurventafeln sind deshalb für den Montageingenieur, der bei den üblichen großen Spannweiten genaue Unterlagen für die Montage der Leitungen haben muß, von besonderem Werte, da, wie die Erfahrung lehrt, bei ein und derselben Anlage die einzelnen Teilstrecken, durch die örtlichen Verhältnisse bedingt, verschieden große Spannweiten aufweisen.

Betrachten wir zunächst die Kurven $(x, p)$ in dem Teile für $x > x_p$, so ersieht man aus diesem Kurvenbilde deutlich, in welchem Maße die Beanspruchung bei $\delta$ und einem beliebigen $t$ von dem Maximalwert $p_{max}$ (Parallele zur Abszissenachse im Abstande $p_{max}$) abweicht. Die Größe dieser Änderung ist für die einzelnen Spannweiten, speziell für die niederen Temperaturen, sehr verschieden. Die Gerade $p = p_{konst}$ als Asymptote sämtlicher $(x, p)$-Kurven wurde ebenfalls in das Kurvenblatt aufgenommen. Für die Temperatur $t_f$, der sie entspricht, ist jene Änderung der Beanspruchung bei allen Spannweiten gleich. Man ersieht daraus, daß alle Kurven $(x, p)$ für $t < t_f$ zur $x$-Achse konvex, die Kurven $(x, p)$ für $t > t_f$ hingegen konkav zu ihr sind. Für größere Spannweiten gehen sie praktisch in Geraden über und infolgedessen, was gleich bemerkt werden möge, die zugehörigen Durchhangskurven $(x, f)$ in Parabeln.

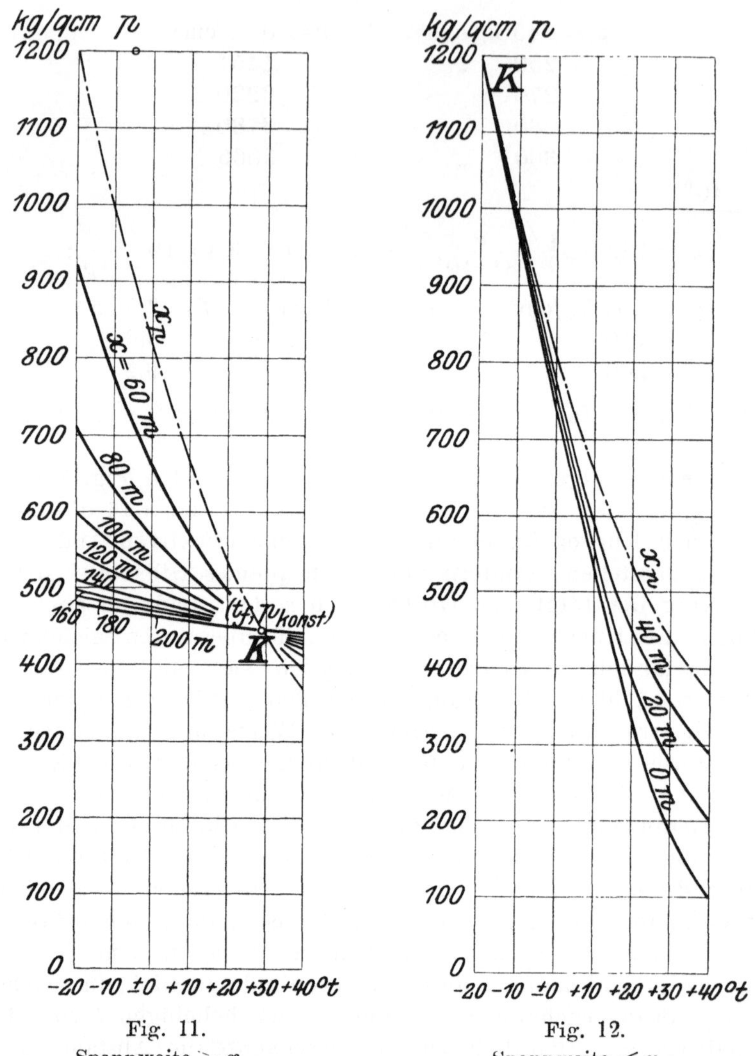



Fig. 11.  Fig. 12.

Spannweite $> x_p$.  Spannweite $< x_p$.

$Fu$ $(t, p)$ für Kupfer mit $p_{max} = 12$ kg/qmm bei verschiedenen Spannweiten.

Werden die Kurven unter sich, nur mit Rücksicht auf die
Änderung mit der Temperatur, aber bei gleichbleibender Belastung
(Eigengewicht) verglichen, so kann man feststellen, daß diese
Änderung ebenfalls bei kleineren Spannweiten ungleich größer ist
als bei größeren. Dies ist wichtig, wenn zwei Spannweiten verschiedener Größe in einer Strecke aufeinander folgen. Bei Aluminium mit $p_{max} = 9$ kg/mm² kommt dieser Umstand besonders
zur Geltung.

Die Kurve $(x, p)$ für $t = t_{min} = -20^0$ schneidet die Gerade $p = p_{max}$ bei $x = x_p$, sie geht dann für $x < x_p$ in diese Gerade über. Die Änderung von $p$ zwischen $-20^0$ und $+40^0$ wird naturgemäß noch größer.

Im Gegensatz hierzu ändert sich der Durchhang bei kleinen Spannweiten wenig, da er hier überhaupt nur kleine Werte annimmt. Für größere Spannweiten bleibt diese Änderung zwischen $-20$ und $+40^0$ beinahe von gleicher Größe. Es gibt deshalb auch in den Fällen, in denen der Maximaldurchhang bei $+40^0$ auftritt, die Parabel entsprechend $t_0$ mit $\varrho_0$ einen guten Anhaltspunkt für die auftretenden Durchhänge, wenn es sich um große Spannweiten handelt, wofür berechnete Werte nicht vorliegen. (Gl. a.)

Fig. 11 bis 14. Es wurden für verschiedene Spannweiten aus der Kurventafel der $Fu\ (x, p)$ und

Fig. 13.

Spannweite $> x_p$.

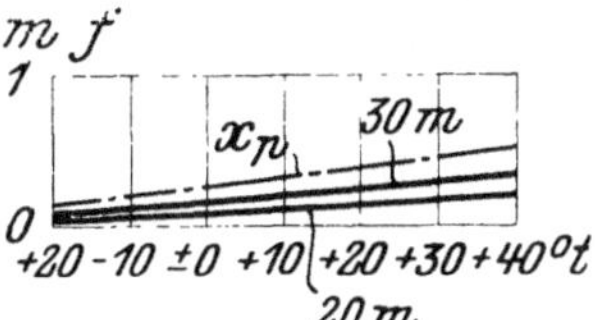

Fig. 14.

Spannweite $< x_p$.

$Fu\ (t, f)$ für Kupfer mit $p_{max}$ 12 kg/qmm bei verschiedenen Spannweiten. (Die Kurven gelten für Eigengewichtsbelastung, die singulären Punkte o für eine Zusatzbelastung 0,015 kg/cm³.)

$Fu\ (x, f)$ (Fig. 5 und 6) die betreffenden $Fu\ (t, p)$ resp. $Fu\ (t, f)$ entnommen und je in ein Koordinatensystem aufgezeichnet. Das Verhältnis des gemeinsamen Schnittpunktes $(t_f, p_{konst})$ der $Fu\ (t, p)$ zu den Kurven $(x, p)$ geht daraus deutlich hervor.

# VI. Bestimmung der maximalen Durchhänge für die wichtigsten Leitungsmaterialien für Spannweiten bis 300 m.

Vor der Projektierung einer Freileitungsanlage muß der Ingenieur erst über die Wahl der Maximalbeanspruchung, mit der er die Leitungen spannen will, schlüssig werden. In manchen Fällen kann ein gegebener Maximaldurchhang dafür ausschlaggebend sein, beispielsweise bei schon vorhandenen Masten, wobei übrigens in der Regel auch der Beanspruchung selbst enge Grenzen gesetzt sind. Meistens aber ist der maximale Durchhang nicht vorgeschrieben. Man wird ihn dann, mit Rücksicht auf die Höhendimensionierung der Maste, möglichst gering halten und zu diesem Zwecke mit der Beanspruchung möglichst hoch gehen, soweit es das jeweils zu verwendende Material gestattet. Es ist dann erwünscht, bei der gegebenen Spannweite in leichter Weise den maximalen Durchhang feststellen zu können, der sich bei der gewählten Maximalbeanspruchung ergibt.

Es sollen die Mittel hierzu im folgenden für Kupfer als Leitungsmaterial gegeben werden.

Unter der Voraussetzung, daß im ungünstigsten Belastungsfall ein Kupferdraht eine Beanspruchung von $p_{max} = 8$, 10, 12, 14, 16, 18, 20 kg/qmm aushalten soll, ist für irgendeine Spannweite der mit Berücksichtigung der Normalien des V. D. E. maximal auftretende Durchhang zu bestimmen.

Wie aus den früheren Betrachtungen hervorgeht, treten für alle Spannweiten über $x_p$ die Maximaldurchhänge für $p_{max} \gtrless 15,8\,\text{kg/mm}^2$ bei $-5^0$ und $\varrho_{max}$ auf. Sie berechnen sich infolgedessen für $p_{max} = 16$, 18 und 20 kg/qmm in einfacher Weise aus:

$$\text{(a)} \qquad f_{max} = \frac{\varrho_{max} \cdot x^2}{8 \cdot p_{max}}.$$

Diese Gleichung ist in bezug auf $f_{max}$ und $x$ die einer Parabel; wird sie in einem senkrechten Koordinatensystem aufgezeichnet, so ist dadurch das gewünschte Hilfsmittel zur Bestimmung des Maximaldurchhangs in diesen Fällen gegeben (s. Taf. I).

Die numerische Berechnung ist unten durchgeführt.

Die Verhältnisse für die Spannweiten unter $x_p$ werden besondere Berücksichtigung finden.

Wählt man hingegen als Maximalbeanspruchung 8, 10, 12 oder 14 kg/qmm, so tritt der Maximaldurchhang bei der maximalen Temperatur von $+40^{\,0}$ ein.

Wir wenden uns hier ebenfalls vorerst nur den Spannweiten über $x_p$ zu. Der Durchhang $f_{max}$ für $t = t_{max} = +40^{\,0}$ läßt sich am einfachsten mit Gl. (13) und (a) berechnen. Und zwar sind hierzu in ähnlicher Weise, wie dies im vorigen Kapitel geschehen ist, einige zusammengehörige $x$ und $f_{max}$ festzustellen, um damit die stetige Kurve $(x, f_{max})$ aufzeichnen zu können.

Für die Spannweiten kleiner als $x_p$ ist bei der Bestimmung des Maximaldurchhanges ein Umstand zu berücksichtigen, von dem bisher nicht die Rede war. Die Leitungen erfahren bekanntlich hier die Maximalbeanspruchung bei der niedrigsten Temperatur. Die Beanspruchung bei $-5^{\,0}$ und maximaler Zusatzlast interessiert nicht, da sie hier nur einen Wert unter dem maximalen erreichen kann. Anders verhält es sich mit dem dabei auftretenden Durchhang; es ist nämlich möglich, daß derselbe größer wird als der, bei $+40^{\,0}$ und $\varrho = \delta$, sodaß er dann den maximalen Durchhang darstellen würde.

Um diese Verhältnisse klarzustellen, soll untersucht werden, unter welchen Bedingungen der Durchhang eines Drahtes bei $-5^{\,0}$ und der Belastung $\varrho_{max}$ und bei $+40^{\,0}$ und der Belastung $\varrho$ dieselbe Größe hat, vorausgesetzt, daß er so gespannt ist, daß er bei $-20^{\,0}$ die Beanspruchung $p_{max}$ aufweist.

Der Durchhang bei der Temperatur $t_0 = -20^{\,0}$ und der Belastung $\varrho$ sei $f_0$, die maximale Belastung $\varrho_{max}$ trete bei der Temperatur $t_\varrho = -5^{\,0}$ auf, wobei der Durchhang $f_\varrho$ sein möge. Bei der maximalen Temperatur $t_{max}$ sei der Durchhang $f_t$ und die Belastung $\varrho$.

Wir haben dann für die Zustandsänderungen des Durchhanges von $t_0$ und $\varrho$ nach $t_\varrho$ und $\varrho_{max}$ einerseits und nach $t_{max}$ und $\varrho$ andererseits folgende Beziehungen entsprechend Gl. (1) zwischen Durchhang und Spannweite als Variabeln:

$$\frac{8}{3\,x^2}(f_\varrho^{\,2} - f_0^{\,2}) = (t_\varrho - t_0)\,\vartheta - \left(p_{max} - \frac{\varrho_{max}\cdot x^2}{8 f_\varrho}\right)\alpha,$$

$$\frac{8}{3\,x^2}(f_t^{\,2} - f_0^{\,2}) = (t_{max} - t_0)\,\vartheta - \left(p_{max} - \frac{\varrho\,x^2}{8 f_t}\right)\alpha.$$

Mit $f_t = f_\varrho = f$ kommt für den Schnittpunkt dieser beiden Funktionen durch Subtraktion:

$$0 = \left(\frac{\varrho}{8\,f}\,x^2 - \frac{\varrho_{max}}{8\,f}\,x^2\right)\frac{\alpha}{\vartheta} + (t_{max} - t_\varrho)$$

oder

$$f = \frac{1}{8}\cdot\frac{\varrho_{max} - \varrho}{t_{max} - t_\varrho}\,\frac{\alpha}{\vartheta}\cdot x^2 \quad\ldots\ldots\ldots\ldots (19)$$

Ferner ist nach (a):

$$f = \frac{1}{8}\,\frac{\varrho_{max}}{p_\varrho}\cdot x^2 \quad\ldots\ldots\ldots (20)$$

$$f = \frac{1}{8}\,\frac{\varrho}{p_t}\cdot x^2 \quad\ldots\ldots\ldots (21)$$

Aus Gl. (19) und (20) folgt:

$$p_\varrho' = \frac{\vartheta}{\alpha}\,(t_{max} - t_\varrho)\,\frac{\varrho_{max}}{\varrho_{max} - \varrho} \quad\ldots\ldots (22)$$

das gesuchte Kriterium, als Bedingung für gleichen Durchhang bei $t_\varrho = -5^0$ und $t_{max} = +40^0$, entsprechend den obigen Ausführungen.

Dieses $p_\varrho'$ hat demnach denselben Wert wie das $p'_{max}$ (siehe Kap. III Gl. (6)), das wir für Spannweiten über $x_p$ als kritischen Wert der maximalen Beanspruchung bei der Bestimmung des Maximaldurchhanges kennen lernten.

Der Ausdruck für $p_\varrho'$ ist ferner dadurch interessant, daß er von der Maximalbeanspruchung unabhängig ist. Die Gl. (22) besagt somit, daß bei irgendeiner Maximalbeanspruchung die Funktionen $(x,\,f)$ für $t_\varrho$ und $t_{max}$ sich dann schneiden, wenn auch die zugehörige $Fu\,(x,\,p)$ für $t_\varrho$ von der Geraden $p = p_\varrho' = p'_{max}$ geschnitten wird, und zwar haben beide Schnittpunkte die gleiche Abszisse. Dies ist in Fig. 15 bis 18 dargestellt (Berechnung der Kurven s. u.). Die Spannweite, bei der sich die Durchhangskurven schneiden, ist ebenfalls durch diese Beziehung festgelegt. Wir haben dafür den Ausdruck laut Gl. (13):

$$x_f = p_\varrho'\cdot\left(\frac{p_{max}}{\varrho}\,\sqrt{24\,\alpha}\right)\cdot\sqrt{\frac{p_\varrho' - \left[p_{max} - \frac{\vartheta}{\alpha}\,(t_\varrho - t_0)\right]}{\frac{\varrho_{max}^2}{\varrho^2}\cdot p_{max}^2 - p_\varrho^2}} \quad (23)$$

Da entsprechend dieser Gleichung mit $x > 0$ nur ein Schnittpunkt der 2 Durchhangskurven für $t = t_\varrho$ und $t = t_{max}$ vorhanden ist, so ist ohne weiteres klar, daß eine derselben für Spannweiten, die größer als dieses $x_f$ sind, über der andern liegt, während sie für Spannweiten kleiner $x_f$ darunter liegen muß. Dies ist wichtig, da ja die oberste Kurve den Maximaldurchhang, auf den es uns hier ankommt, darstellt. Welche nun für die Spannweiten größer als $x_f$ die obere der beiden Kurven ist, ergibt sich einfach, wenn man beachtet, unter welchen Verhältnissen bei der Spannweite $x_p$, die die Grenze für die eben betrachteten darstellt, der maximale Durchhang auftritt. Dieses $x_p$ ist nämlich auch gleichzeitig die untere Grenze für die Spannweiten, für die mit der Maximalbeanspruchung bei $-5^0$ zu rechnen ist. Für diese stellten wir fest, daß der maximale Durchhang für maximale Beanspruchungen $p_{max} \geqq p'_{max}$ bei $-5^0$ und Eislast, für $p_{max} \lessgtr p'_{max}$ bei $+40^0$ auftritt. Wir können also daraus schließen, daß mit Maximalbeanspruchungen $> p'_{max}$ der größte Durchhang für die Spannweiten zwischen $x_p$ und $x_f$ sich bei $-5^0$ und Eisbelastung einstellt, für die Spannweiten zwischen $x_f$ und 0 hingegen bei $+40^0$. Es ist leicht einzusehen, daß ein solcher Übergang bei maximalen Beanspruchungen $< p'_{max}$ nicht möglich ist, da die Beanspruchung dann nie den Wert $p = p_{max}$ erreicht. Es liegt demnach ganz allgemein für $x > x_f$ der maximale Durchhang bei $-5^0$ und der maximalen Zusatzlast vor, bei $x < x_f$ hingegen bei $+40^0$ ohne Zusatzlast. Wird die Maximalbeanspruchung gerade gleich $p'_{max}$ gewählt, so fällt der Schnittpunkt der Durchhangskurven auf die Spannweite $x_p$: die Kurve $(x, f)$, die für $x > x_p$ bis zu diesem Punkte gleichzeitig den Durchhang bei $-5^0$ mit $\varrho_{max}$ und $+40^0$ mit $\varrho$ darstellte, verzweigt sich bei der Spannweite $x_p = x_f$, wobei die Kurve, die der Temperatur $+40^0$ und $\varrho$ entspricht, die oberste bleibt.

Im Ausdruck für $x_f$ ist im Nenner unter dem Wurzelzeichen stets:

$$\frac{\varrho_{max}^2}{\varrho^2}\, p_{max}^2 > p_\varrho'^2\,.$$

Es folgt daraus für ein reelles $x_f$ die Bedingung:

$$p_\varrho' \geqq p_{max} - \frac{\vartheta}{\alpha}(t_\varrho - t_0)$$

oder

$$p_{max} \lessgtr p_\varrho' + \frac{\vartheta}{\alpha}(t_\varrho - t_0) \quad \ldots \ldots \quad (24)$$

Mit $x_f = 0$ wird $p_{max} = p_\varrho' + \frac{\vartheta}{\alpha}(t_\varrho - t_0) = p''_{max}$ . (24')

Die Maximalbeanspruchung muß also zwischen $p_\varrho' = p'_{max}$ und $p_\varrho' + \frac{\vartheta}{\alpha}(t_\varrho - t_0)$, wo $t_\varrho - t_0 = 15^0$, liegen, wenn die fraglichen Durchhangskurven sich zwischen 0 und $x_p$ schneiden sollen.

Mit Einsetzung der numerischen Werte für Kupfer mit $p_\varrho' = 1580$ kg/qcm wird dieses $p''_{max} = 1912$ kg/qcm$^2$.

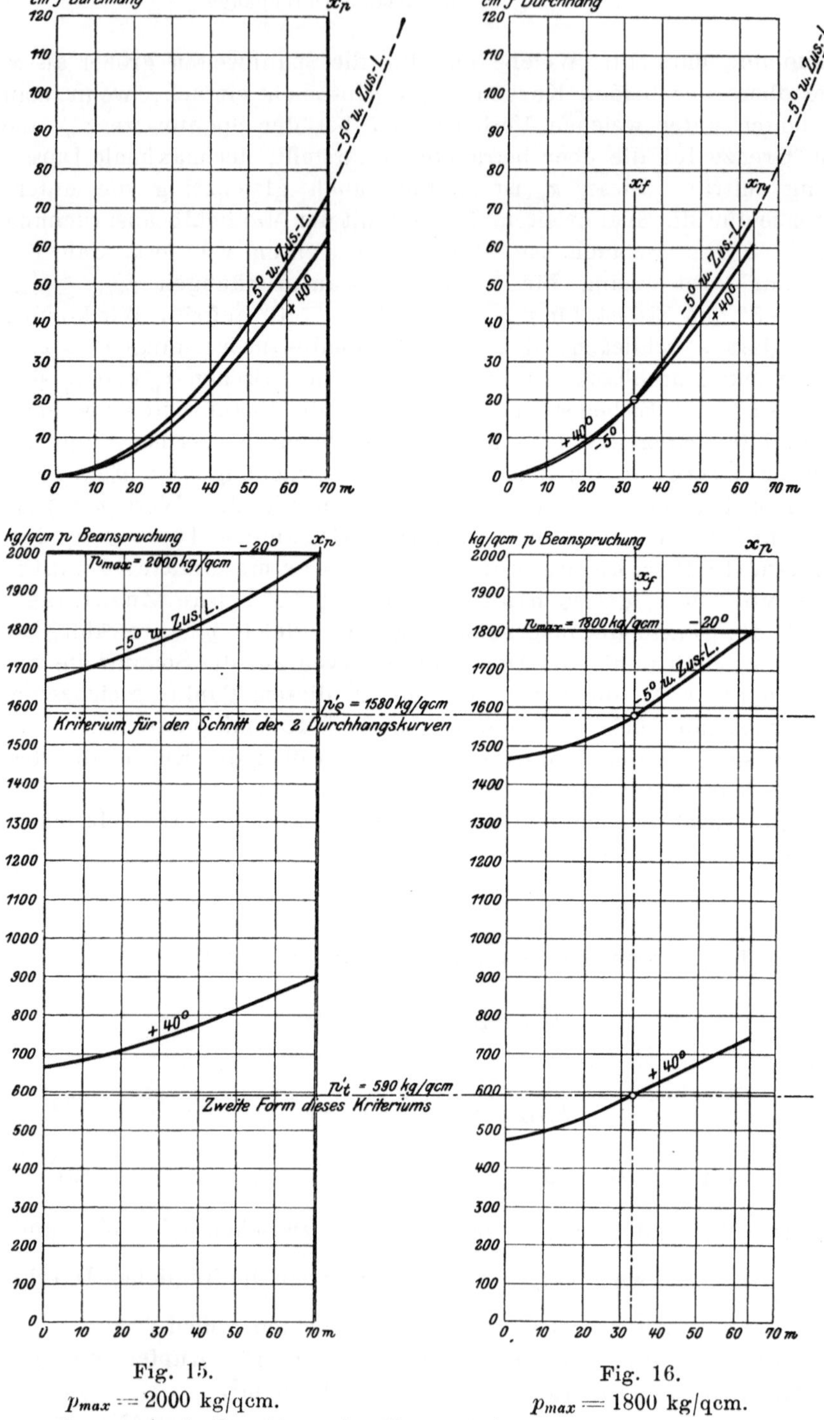

Fig. 15.

$p_{max} = 2000$ kg/qcm.

Fig. 16.

$p_{max} = 1800$ kg/qcm.

Der maximale Durchhang für Kupfer bei Spannweiten unter $x_p$.

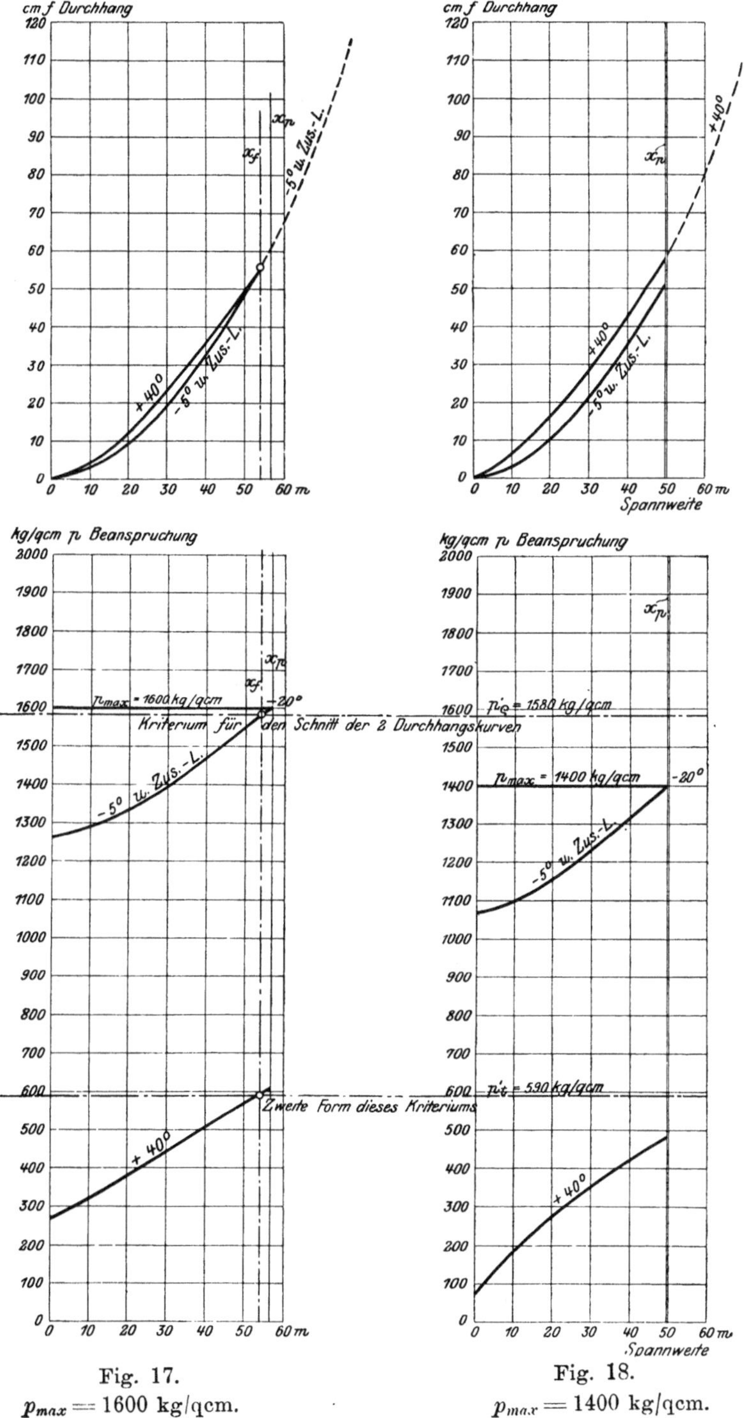


Fig. 17.

$p_{max} = 1600$ kg/qcm.

Fig. 18.

$p_{max} = 1400$ kg/qcm.

Der maximale Durchhang für Kupfer bei Spannweiten unter $x_p$.

In ähnlicher Weise wie die Gl. (22) für $p_\varrho'$ kann man auch aus Gl. (19) und (21) ableiten:

$$p_t' = \frac{\vartheta}{\alpha}\,(t_{max} - t_\varrho)\,\frac{\varrho}{\varrho_{max} - \varrho}.$$

Wir haben also auch den Schnitt der $Fu\,(x,\,p)$ für $t = t_{max}$ und $\varrho$ mit $p = p_t'$ als Kriterium für einen Schnittpunkt der zwei Durchhangskurven bei $t_\varrho$ und $t_{max}$. Für Kupfer wird $p_t' = 590$ kg/cm².

Diese Ergebnisse veranschaulichen Fig. 15 bis 18. Für $p_{max} = 2000$ kg/qcm (Fig. 15) ist der Schnittpunkt der Durchhangskurven nicht vorhanden; der maximale Durchhang tritt stets bei — 5° mit Zusatzlast auf. Bei $p_{max} = 1800$ kg/qcm (Fig. 16) liegt er nur bei ganz kleinen Spannweiten bei der Temperatur + 40° vor, bei den praktisch vorkommenden Spannweiten jedoch bei — 5°. Bei $p_{max} = 1600$ kg/qcm (Fig. 17) ist der Schnittpunkt der Durchhangskurven bereits sehr nahe an $x_p$ herangerückt; mit dem maximalen Durchhang bei + 40° ist hierbei für alle Spannweiten unter etwa 53 m zu rechnen. Bei $p_{max} = 1400$ kg/qcm (Fig. 18) ist dieser Schnittpunkt nicht mehr vorhanden; der maximale Durchhang stellt sich stets bei + 40° ein.

Die Berechnung der Kurven der maximalen Durchhänge für Kupfer gestaltet sich wie folgt. Wir hatten mit:

$$p_{max} = \quad 8 \quad\quad 10 \quad\quad 12 \quad\quad 14 \quad\quad 15{,}8 \quad\quad 16 \quad\quad 18 \quad\quad 20 \text{ kg/qmm},$$

$$x_p = 2820 \quad 3530 \quad 4240 \quad 4950 \quad 5610 \quad 5650 \quad 6360 \quad 7070 \text{ cm},$$

$$p_{konst} = 298 \quad 372 \quad 447 \quad 520 \quad\quad 588 \quad\quad 596 \quad 670 \quad\quad 745 \text{ kg/qcm}.$$

a) Spannweiten über $x_p$.

$$p_{max} = 1580 \text{ kg/qcm}; \qquad t = \begin{cases} + 40° \\ - 5 \text{ (Zusatzlast)}; \end{cases}$$

$$f = \frac{23{,}9 \cdot 10^{-4}}{8 \cdot 1580} \cdot x^2;$$

| $x$ | | $f$ | |
|---|---|---|---|
| $x =$ 5 610 cm; | | $f =$ 60,0 cm; | |
| 6 000 | „ | 68,1 | „ |
| 7 000 | „ | 92,9 | „ |
| 8 000 | „ | 121 | „ |
| 9 000 | „ | 153 | „ |
| 10 000 | „ | 189 | „ |
| 11 000 | „ | 229 | „ |
| 12 000 | „ | 272 | „ |
| 13 000 | „ | 320 | „ |
| 14 000 | „ | 370 | „ |
| 15 000 | „ | 425 | „ |
| 16 000 | „ | 484 | „ |
| 17 000 | „ | 546 | „ |

$$x = 18\,000 \text{ cm}; \qquad f = 612 \quad \text{cm};$$

| | |
|---|---|
| $19\,000$ „ | $681$ „ |
| $20\,000$ „ | $756$ „ |
| $22\,000$ „ | $915$ „ |
| $24\,000$ „ | $1090$ „ |
| $25\,000$ „ | $1180$ „ |
| $27\,000$ „ | $1380$ „ |
| $28\,000$ „ | $1480$ „ |
| $29\,000$ „ | $1590$ „ |

$$p_{max} = 1600 \text{ kg/qcm}; \qquad t = -\,5^{\,0} \text{ (Zusatzlast)};$$

$$f = \frac{23{,}9 \cdot 10^{-4}}{8 \cdot 1600} \cdot x^2 \,;$$

$$x = 5650 \text{ cm}; \qquad f = 59{,}5 \text{ cm};$$

| | |
|---|---|
| $6\,000$ „ | $67{,}0$ „ |
| $8\,000$ „ | $119{,}5$ „ |
| $10\,000$ „ | $186{,}2$ „ |
| $12\,000$ „ | $269$ „ |
| $14\,000$ „ | $365$ „ |
| $16\,000$ „ | $478$ „ |
| $18\,000$ „ | $603$ „ |
| $20\,000$ „ | $745$ „ |
| $22\,000$ „ | $904$ „ |
| $24\,000$ „ | $1075$ „ |
| $25\,000$ „ | $1165$ „ |

$$p_{max} = 1800 \text{ kg/qcm}; \qquad t = -\,5^{\,0} \text{ (Zusatzlast)};$$

$$f = \frac{23{,}9 \cdot 10^{-4}}{8 \cdot 1800} \cdot x^2 \,;$$

$$x = 6360 \text{ cm}; \qquad f = 67{,}1 \text{ cm};$$

| | |
|---|---|
| $8\,000$ „ | $106$ „ |
| $10\,000$ „ | $166$ „ |
| $12\,000$ „ | $239$ „ |
| $14\,000$ „ | $325$ „ |
| $16\,000$ „ | $425$ „ |
| $18\,000$ „ | $538$ „ |
| $20\,000$ „ | $662$ „ |
| $22\,000$ „ | $801$ „ |
| $24\,000$ „ | $955$ „ |
| $25\,000$ „ | $1036$ „ |
| $27\,000$ „ | $1208$ „ |

$$p_{max} = 2000 \text{ kg/qcm}; \qquad t = -\,5^{\,0} \text{ (Zusatzlast)};$$

$$f = \frac{23{,}9 \cdot 10^{-4}}{8 \cdot 2000} \cdot x^2 \,;$$

| | | | |
|---|---|---|---|
| $x = 7070$ cm | $f = 74,8$ cm | $x = 20000$ cm | $f = 597$ cm |
| 8000 „ | 95,5 „ | 22000 „ | 721 „ |
| 10000 „ | 149 „ | 24000 „ | 859 „ |
| 12000 „ | 215 „ | 25000 „ | 930 „ |
| 14000 „ | 292 „ | 28000 „ | 1170 „ |
| 16000 „ | 383 „ | 30000 „ | 1341 „ |
| 18000 „ | 484 „ | 33000 „ | 1624 „ |

$$p_{max} = 800 \text{ kg/qcm}; \qquad t = +40^\circ;$$

$$x = 144,6 \cdot p \cdot \sqrt{\frac{+195 + p}{-p^2 + 8,88 \cdot 10^4}}; \qquad f = 11,1 \cdot 10^{-4} \cdot \frac{x^2}{p};$$

| | | | |
|---|---|---|---|
| $p = 200$ kg/cm² | $x = 2600$ cm | $f = 37,5$ cm |
| 240 „ | 4105 „ | 78,0 „ |
| 260 „ | 5500 „ | 129,7 „ |
| 280 „ | 8610 „ | 295 „ |
| 285 „ | 10290 „ | 412 „ |
| 290 „ | 13460 „ | 692 „ |
| 292 „ | 15710 „ | 942 „ |
| 294 „ | 19150 „ | 1390 „ |
| 295 „ | 22210 „ | 1870 „ |

$$p_{max} = 1000 \text{ kg}; \qquad t = +40^\circ;$$

$$x = 180 \cdot p \cdot \sqrt{\frac{p - 5}{13,84 \cdot 10^4 - p^2}}; \qquad f = 11,1 \cdot 10^{-4} \cdot \frac{x^2}{p}.$$

Alle $p$ müssen zwischen 5 und 372 liegen.

| | | | |
|---|---|---|---|
| $p = 330$ kg/cm² | $x = 3240$ cm | $f = 35,5$ cm |
| 340 „ | 7435 „ | 180,3 „ |
| 350 „ | 9590 „ | 290 „ |
| 360 „ | 13000 „ | 522 „ |
| 365 „ | 17300 „ | 910 „ |
| 367 „ | 20950 „ | 1350 „ |
| 368 „ | 23120 „ | 1615 „ |

$$p_{max} = 1200 \text{ kg/qcm}; \qquad t = +40^\circ;$$

$$x = 217 \cdot p \cdot \sqrt{\frac{p - 205}{20 \cdot 10^4 - p^2}}; \qquad f = 11,1 \cdot 10^{-4} \cdot \frac{x^2}{p};$$

Alle $p$ müssen zwischen 205 und 447 liegen.

| | | | |
|---|---|---|---|
| $p = 380$ kg/cm² | $x = 4625$ cm | $f = 62,5$ cm |
| 400 „ | 6060 „ | 102 „ |
| 420 „ | 8700 „ | 200 „ |
| 430 „ | 11390 „ | 335 „ |
| 440 „ | 18300 „ | 845 „ |
| 443 „ | 24050 „ | 1448 „ |

$$p_{max} = 1400 \, \text{kg/qcm}; \qquad t = +40^{\circ}$$

$$x = 253 \cdot p \cdot \sqrt{\frac{-405 + p}{-p^2 + 27{,}15 \cdot 10^4}}; \qquad f = 11{,}1 \cdot 10^{-4} \cdot \frac{x^2}{p}.$$

Alle $p$ müssen zwischen 405 und 520 liegen.

| $p = 480 \, \text{kg/qcm}$ | $x = 5190 \, \text{cm}$ | $f = 62{,}2 \, \text{cm}$ |
|---|---|---|
| 500 „ | 8400 „ | 157,1 „ |
| 510 „ | 12390 „ | 335 „ |
| 515 „ | 16910 „ | 619 „ |
| 516 „ | 18900 „ | 770 „ |
| 518 „ | 24600 „ | 1300 „ |

b) Spannweiten unter $x_p$,

d. h. Maximalbeanspruchung bei $-20^{\circ}$ ohne Eislast.

1. Durchhang bei $+40^{\circ}$.

Allgemein:

$$x = p \cdot \frac{p_0}{\varrho} \cdot \sqrt{24 \cdot \alpha} \cdot \sqrt{\frac{\left[ p_0 - \frac{\vartheta}{\alpha}(t_{max} - t_0) \right] - p}{p^2 - p_0^2}}$$

$$\varrho = \delta = 8{,}9 \cdot 10^{-3}; \quad p_0 = 2000 \, \text{kg/qcm}; \quad t_{max} = +40^{\circ}; \quad t_0 = -20^{\circ};$$

$$x = a p \cdot \sqrt{\frac{b - p}{p^2 - p_{max}^2}}.$$

| | $a = 4{,}83 \cdot p_{max}$ | $b = p_{max} - 1330$ | $p_{max}^2$ |
|---|---|---|---|
| $p_{max} = 2000 \, \text{kg/qcm}$ | $a = 967$ | $b = 670$ | $400 \cdot 10^4$ |
| 1800 „ | 870 | 470 | $324 \cdot 10^4$ |
| 1600 „ | 773 | 270 | $256 \cdot 10^4$ |
| 1400 „ | 676 | 70 | $196 \cdot 10^4$ |

$$p_{max} = 2000 \, \text{kg/qcm}; \qquad x_p = 7070 \, \text{cm}.$$

$$x = 967 \cdot p \cdot \sqrt{\frac{p - 670}{400 \cdot 10^4 - p^2}}; \qquad f = 11{,}1 \cdot 10^{-4} \cdot \frac{x^2}{p}.$$

| $p = 670 \, \text{kg/qcm}$ | $x = 0 \, \text{cm}$ | $f = 0 \, \text{cm}$ |
|---|---|---|
| 690 „ | 1590 „ | 4,0 „ |
| 710 „ | 2320 „ | 8,4 „ |
| 750 „ | 3490 „ | 18,0 „ |
| 800 „ | 4800 „ | 32,0 „ |
| 910 „ | 7640 „ | 71,3 „ |

$$p_{max} = 1800 \, \text{kg/qcm}; \qquad x_p = 6360 \, \text{cm}.$$

$$x = 870 \cdot p \cdot \sqrt{\frac{p - 470}{324 \cdot 10^4 - p^2}}; \qquad f = 11{,}1 \cdot 10^{-4} \cdot \frac{x^2}{p}.$$

$$p = 470 \text{ kg/qcm} \qquad x = \phantom{0000}0 \text{ cm} \qquad f = 0 \text{ cm}$$

$$
\begin{array}{lll}
500 \text{ „} & 1375 \text{ „} & 4,2 \text{ „} \\
550 \text{ „} & 2500 \text{ „} & 12,6 \text{ „} \\
650 \text{ „} & 4520 \text{ „} & 34,9 \text{ „} \\
750 \text{ „} & 6670 \text{ „} & 66,0 \text{ „}
\end{array}
$$

$$p_{max} = 1600 \text{ kg/qcm}; \qquad x_p = 5650 \text{ cm}.$$

$$x = 773\cdot p\cdot\sqrt{\frac{p-270}{256\cdot10^4 - p^2}}; \qquad f = 11,1\cdot10^{-4}\cdot\frac{x^2}{p}.$$

$$
\begin{array}{lll}
p = 270 \text{ kg/qcm} & x = \phantom{0000}0 \text{ cm} & f = 0 \text{ cm} \\
350 \text{ „} & 1549 \text{ „} & 7,6 \text{ „} \\
500 \text{ „} & 3860 \text{ „} & 33,1 \text{ „} \\
610 \text{ „} & 5875 \text{ „} & 62,9 \text{ „}
\end{array}
$$

$$p_{max} = 1400 \text{ kg/qcm}; \qquad x_0 = 4950 \text{ cm}.$$

$$x = 676\cdot p\cdot\sqrt{\frac{p-70}{196\cdot10^4 - p^2}}; \qquad f = 11,1\cdot10^{-4}\cdot\frac{x^2}{p}.$$

$$
\begin{array}{lll}
p = \phantom{0}70 \text{ kg/qcm} & x = \phantom{0000}0 \text{ cm} & f = 0 \text{ cm} \\
200 \text{ „} & 1110 \text{ „} & 6,9 \text{ „} \\
300 \text{ „} & 2150 \text{ „} & 18,2 \text{ „} \\
350 \text{ „} & 2920 \text{ „} & 27,0 \text{ „} \\
400 \text{ „} & 3660 \text{ „} & 37,2 \text{ „} \\
500 \text{ „} & 5360 \text{ „} & 64,0 \text{ „}
\end{array}
$$

2. Durchhang bei $-5°$ und der Zusatzbelastung 0,015 kg/cm³. Allgemein:

$$x = p\cdot\left(\frac{p_0}{\varrho}\sqrt{24\alpha}\right)\cdot\sqrt{\frac{\left[p_0 - \frac{\vartheta}{\alpha}(t_\varrho - t_0)\right] - p}{p^2 - p_0^{\,2}\frac{\varrho_{max}^2}{\varrho^2}}}$$

$$\varrho_0 = \varrho = \delta = 8,9\cdot10^{-3}; \qquad \varrho_{max} = 23,9\cdot10^{-3}; \qquad t_0 = -20°;$$
$$t_\varrho = -5°; \qquad p_0 = p_{max}.$$

$$x = ap\cdot\sqrt{\frac{b-p}{p^2-c}}.$$

| | $a = 4,83\cdot p_{max}$ | $b = p_{max} - 332$ | $c = 7,2\cdot p_{max}^2$ |
|---|---|---|---|
| $p_{max} = 2000 \text{ kg/cm}^2$ | $a = 967$ | $b = 1668$ | $c = 2800\cdot10^4$ |
| 1800 „ | 870 | 1468 | $2340\cdot10^4$ |
| 1600 „ | 773 | 1268 | $1840\cdot10^4$ |
| 1400 „ | 676 | 1068 | $1435\cdot10^4$ |

$$p_{max} = 2000 \text{ kg/qcm}; \qquad x_p = 7070 \text{ cm}.$$

$$x = 967 \cdot p \cdot \sqrt{\frac{p - 1668}{2800 \cdot 10^4 - p^2}}; \qquad f = 29{,}8 \cdot 10^{-4} \cdot \frac{x^2}{p}.$$

| $p = 1668$ kg/qcm | $x = 0$ cm | $f = 0$ cm |
|---|---|---|
| 1900  „ | 5675  „ | 50,6  „ |
| 2000  „ | 7070  „ | 74,8  „ |

$$p_{max} = 1800 \text{ kg/qcm}; \qquad x_p = 6360 \text{ cm}.$$

$$x = 870 \cdot p \cdot \sqrt{\frac{p - 1468}{2340 \cdot 10^4 - p^2}}; \qquad f = 29{,}8 \cdot 10^{-4} \cdot \frac{x^2}{p}.$$

| $p = 1468$ kg/qcm | $x = 0$ cm | |
|---|---|---|
| 1500  „ | 1603 cm | $f = 5{,}1$ cm |
| 1600  „ | 3500  „ | 22,8  „ |
| 1700  „ | 4980  „ | 43,5  „ |
| 1800  „ | 6360  „ | 67,1  „ |

$$p_{max} = 1600 \text{ kg/qcm}; \qquad x_p = 5650 \text{ cm}.$$

$$x = 773 \cdot p \cdot \sqrt{\frac{p - 1268}{1840 \cdot 10^4 - p^2}}; \qquad f = 29{,}8 \cdot 10^{-4} \cdot \frac{x^2}{p}.$$

| $p = 1268$ kg/qcm | $x = 0$ cm | $f = 0$ cm |
|---|---|---|
| 1300  „ | 1390  „ | 4,4  „ |
| 1400  „ | 3165  „ | 20,0  „ |
| 1500  „ | 4400  „ | 38,5  „ |
| 1600  „ | 5650  „ | 59,5  „ |

$$p_{max} = 1400 \text{ kg/qcm}; \qquad x_p = 4950 \text{ cm}.$$

$$x = 676 \cdot p \cdot \sqrt{\frac{p - 1068}{1435 \cdot 10^4 - p^2}}; \qquad f = 29{,}8 \cdot 10^{-4} \cdot \frac{x^2}{p}.$$

| $p = 1068$ kg/qcm | $x = 0$ cm | $f = 0$ cm |
|---|---|---|
| 1100  „ | 1161  „ | 3,7  „ |
| 1200  „ | 2600  „ | 16,7  „ |
| 1300  „ | 3770  „ | 32,5  „ |
| 1400  „ | 4950  „ | 51,2  „ |

In der Kurventafel I ist auch die Kurve der maximalen Durchhänge für Aluminiumdraht für die Maximalbeanspruchung von 9 kg/qmm aufgenommen worden, die, wie bereits erwähnt wurde, bei — 5⁰ und Eisbelastung auftreten. Deren Berechnung ist bereits oben durchgeführt.

Die Kurven der Taf. I zeigen, wie die Maximaldurchhänge mit größer werdenden Spannweiten rasch zunehmen, um so mehr, je niedriger die Maximalbeanspruchung gewählt wird. Zu beachten ist, daß andererseits der Maximaldurchhang bei ein und derselben

Spannweite nicht im gleichen Maße abnimmt, als die Maximalbeanspruchung zunimmt.

Man wird in vielen Fällen, besonders bei kleinen Spannweiten, mit der Maximalbeanspruchung nicht unnötig hoch gehen, wenn dadurch am Maximaldurchhang nur wenig gewonnen wird. Aus dieser Zusammenstellung läßt sich auch bei gegebenem Maximaldurchhang die zugehörige Maximalbeanspruchung leicht feststellen.

Die Kurvenfigur wird dementsprechend speziell beim Projektieren einer Freileitungsanlage gute Dienste leisten.

Der Vergleich der Maximaldurchhänge von Kupfer und Aluminium bietet einiges Interesse. Man ersieht aus der Kurventafel, daß Aluminium, wenn es für eine Maximalbeanspruchung von 9 kg/qmm gespannt wird, maximale Durchhänge annehmen wird, die denjenigen für Kupfer für Maximalbeanspruchungen von 12,5 bis 13,5 kg/qmm entsprechen. Beachtet man nun, daß infolge der geringeren Leitfähigkeit des Aluminiums, ein Aluminiumdraht einen Querschnitt haben muß, der ca. $75\,^0/_0$ größer ist als der äquivalente aus Kupfer, so erkennt man, daß einer maximalen Beanspruchung von rund 13 kg/qmm bei Verwendung von Kupfer eine Maximalbeanspruchung von ca. 16,7 kg pro 1,75 qmm bei Verwendung von Aluminium als Leitungsmaterial bei gleichem Durchhang gegenübersteht. Für größere Spannweiten stellt sich das Verhältnis für Aluminium etwas günstiger.

Die Maximalbeanspruchung von 9 kg/qmm für gewöhnliches Aluminium ist jedoch hoch gewählt; die Sicherheit, die sich dabei ergibt, steht in keinem Verhältnis zu der Sicherheit, mit der man Kupferleitungen zu verlegen pflegt. Man wird deshalb in der Regel bei Verwendung von gewöhnlichem Aluminium unter dem oben angegebenen Wert bleiben. Man kann dabei davon ausgehen, die Aluminiumdrähte so zu montieren, daß sie insgesamt einen gleichen einseitigen Zug ausüben als Kupferdrähte mit äquivalenten Querschnitten; die Maximalbeanspruchung der Aluminiumdrähte, die einer solchen von 12 kg/qmm für Kupfer entsprechen soll, würde dann ca. 7 kg/qmm betragen; der maximale Durchhang hingegen würde entsprechend größer werden als bei Kupfer. Es ergibt sich hierdurch, daß bei Verwendung von Aluminium an Stelle von Kupfer die Leitungsmaste in jedem Falle verteuert werden. Die Beanspruchung der Maste auf gerader Strecke, die sich aus dem Druck des seitlichen Windes auf Leitungen und Mast ergibt, steigt mit den Querschnitten der Aluminiumleitungen gegenüber den Kupferleitungen. Eine weitere Verteuerung ergibt sich für diese Maste, wenn sie außerdem bei größeren Durchhängen, die sich, wie eben ausgeführt, bei geringerer Maximalbeanspruchung einstellen, höher vorgesehen werden müssen. Die Eckmaste werden ebenfalls in beiden Fällen, bei der größeren Beanspruchung oder dem größeren Durchhang, teuerer. Die Wahl eines dieser Alternative ist jedoch in bezug auf die Eckmaste von weit geringerer Bedeutung als auf die Maste auf gerader Strecke, erstens weil ihnen bei ihrer Er-höhung ein, wenn auch nicht gleichwertiges Äquivalent in dem geringeren Zug der Leitungen geboten wird, zweitens aber, weil sie in viel geringerer Zahl vorkommen. Es ist deshalb anzustreben, besonders die Maste auf gerader Strecke möglichst zu verbilligen, was durch Verminderung des Durchhanges und gleich zeitiger Erhöhung der Beanspruchung erreicht werden kann. Diese Über-legungen führen dazu, Aluminiumdrähte herzustellen, die größere Bruchfestigkeit aufweisen als das gewöhnliche Aluminium, die auch mit genügender Sicherheit für Beanspruchungen von 9 bis 10 kg/qmm Verwendung finden können.[1])

Bei Freileitungsanlagen, bei denen nur in den Winkeln in der Leitungsführung Eisengittermaste, im übrigen jedoch Holzmaste auf-gestellt werden, verschieben sich die obigen Verhältnisse zugunsten einer geringeren Maximalbeanspruchung um so mehr, je größer die Zahl der Eckpunkte, je spitzer die dabei vorkommenden Winkel in der Leitungsführung sind und je größer der Gesamtquerschnitt der Leitungen ist.

In der Zusammenstellung der Maximaldurchhänge der Taf. I sind für die kleinen Spannweiten nur für die höchste und niedrigste Maximalbeanspruchung Werte angegeben. Für alle anderen Maximal-beanspruchungen wurden die Kurven nur für Spannweiten über $x_p$ gezeichnet. Werte, die darunter liegen, können nötigenfalls inter-poliert werden. Sie sind durchweg von geringer Größe, und es ist im allgemeinen beim Projektieren einer Freileitung vollständig ent-behrlich sie genau festzustellen. Unterschiede von wenigen Zenti-metern sind natürlich ohne praktische Bedeutung. Für den vor-liegenden Zweck würde es deshalb vollständig genügen, wenn man die gerade Verbindungslinie des Abschnittes auf $x_p$ mit dem Null-punkt als Anhaltspunkt für den Maximaldurchhang nimmt; in dieser Weise festgestellte Werte sind alle etwas zu hoch.

Wenn wir trotzdem die obigen Untersuchungen für die Spann-weiten unter $x_p$ durchführten, so geschah dies vornehmlich aus prin-zipiellen Gesichtspunkten.

Im gleichen Sinne bieten sie speziell für Stahl ein besonderes Interesse, wie sich im nächsten Kapitel zeigen wird.

---

[1]) Es sei hier auf das in letzter Zeit von der A. E. G. auf den Markt ge-brachte „Spreealuminium" hingewiesen, das diese Bedingungen erfüllt.

# VII. Der Maximaldurchhang bei Stahl. Stahlseil mit angehängtem Kabel.

Wir haben bereits im Kapitel III für Stahl, wenn es als selbstständiger Draht, z. B. als Verankerungsseil, auftritt, die Werte für $x_p$ und $p'_{max}$ berechnet. Für dieselben fanden wir:

$$x_p = 2{,}92\, p_{max},$$

$$p'_{max} = 16{,}7 \ \text{kg/qmm}.$$

Man ersieht daraus, daß $x_p$ unter Umständen einen hohen Wert annehmen kann. Es ist deshalb von Bedeutung, die Verhältnisse für Spannweiten unter $x_p$ näher zu betrachten, um auch hier, in gleicher Weise wie das im vorigen Kapitel für Kupfer geschehen ist, festzustellen, wann der Maximaldurchhang auftritt.

Es sei daran erinnert, daß für Stahl für alle Spannweiten über $x_p$ der Maximaldurchhang stets bei $-5^0$ und bei Eisbelastung auftritt, wenn $p_{max} > 16{,}7$ kg/qmm. Für die Spannweiten, die etwas kleiner sind als $x_p$, wird jedenfalls in derselben Weise der Maximaldurchhang sich bei dieser Temperatur und der maximalen Zusatzbelastung einstellen; es frägt sich nun, ob für kleinere Spannweiten das Auftreten des maximalen Durchhanges nicht nach der maximalen Temperatur von $+40^0$ übergeht. Wir fanden als Kriterium für einen solchen Übergang laut Gl. (23):

$$p_{max} \begin{cases} > p'_{max} \\ < p''_{max} \end{cases}$$

oder mit $p'_\varrho = p_{max}$

$$p_{max} \begin{cases} > p'_{max} = 16{,}7 \ \text{kg/qmm} \\ < p'_{max} + \dfrac{\vartheta}{\alpha}\,(t_\varrho - t_0) = 20{,}3 \ \text{kg/qmm}, \end{cases}$$

d. h. es kann nur für ein $p_{max}$ zwischen 16,7 und 20,3 kg/qmm der größte Durchhang teils bei $+40^0$, teils bei $-5^0$ auftreten.

Es kommen nun allerdings in praxi ebenfalls Maximalbeanspruchungen unter 16,7 kg/qmm für Stahlseile vor, und zwar trifft dies für die sog. Blitzschutzseile zu, die neuerdings immer mehr in Anwendung kommen. Bei diesen tritt jedoch die Bestimmung des Maximaldurchhanges aus einer gegebenen Maximalbeanspruchung vollständig in den Hintergrund, da hier umgekehrt der maximale Durchhang mit dem der Leitungsdrähte gegeben ist und aus ihm erst die Maximalbeanspruchung zu bestimmen wäre. Letztere ergibt sich etwas niedriger als die für Kupferleitungen. Dies geht für Maximalbeanspruchungen über 16,7 kg/qmm schon daraus hervor, daß der Maximaldurchhang sich hierfür bei Kupfer bestimmt aus

$$f_{max} = \frac{239 \cdot 10^{-4}}{8\,p_{max}} \cdot x^2 \,,$$

für Stahl aus:

$$f_{max} = \frac{230 \cdot 10^{-4}}{8\,p_{max}} \cdot x^2 \,.$$

Man ersieht daraus, daß bei gleichem $p_{max}$ die Maximaldurchhänge bei Kupfer und Stahl sich verhalten wie $239 : 230$. Bei gleichen Maximaldurchhängen kann umgekehrt auch der Unterschied der Maximalbeanspruchungen, die ihnen entsprechen, nur gering sein. Für niedrigere Maximalbeanspruchungen findet man das gesuchte $p_{max}$, wenn man für irgendeinen konkreten Fall in die Formel $(f, t)$, die wir in Kapitel IV angegeben haben, den Wert für $x$ einsetzt, ferner $t = +40^0$ und für $f$ den Durchhang, den die Kupferleitungen im Maximum erhalten. Und zwar wird diese Rechnung einfach, wenn man etwa drei beliebige Werte für $p_{max}$, dessen Größenordnung durch die Maximalbeanspruchung des Kupfers bekannt ist, in die Formel einsetzt und damit für alle drei Fälle gleichzeitig durch tabellarische Berechnung der einzelnen Glieder der Formel jedesmal $t$ feststellt. Das gesuchte $p_{max}$ bestimmt sich dann, wenn man die gefundenen Werte auf karriertes Papier aufzeichnet und die Größe von $p_{max}$ entsprechend $t = +40^0$ interpoliert.

Es soll ein Beispiel dafür durchgerechnet werden: Gegeben der Maximaldurchhang der Kupferleitungen $f_{max} = 2{,}6$ m entsprechend einer Maximalbeanspruchung $p_{max} = 12$ kg/qmm bei 100 m Spannweite (vgl. Taf. I der Maximaldurchhänge). Ein an der Spitze der Maste befestigtes Stahlseil soll den gleichen Maximaldurchhang erhalten; die zugehörige Maximalbeanspruchung ist zu bestimmen.

Die gesuchte Maximalbeanspruchung liegt nach den obigen Ausführungen etwas unter 12 kg/qmm, der Maximaldurchhang tritt bei $+40^0$ auf.

Es gilt die Formel für Stahl:

$$t = 24{,}25 \cdot 10^4 \cdot \frac{f^2}{x^2} - 0{,}410 \cdot 10^{-4} \frac{x^2}{f} - 2{,}0 \frac{x^2}{p_{max}^2} + 0{,}0415 \cdot p_{max} - 5 \,.$$

Es wird mit $f = 260$ cm, $x = 10\,000$ cm und

$p_{max} = 1200$ kg/qcm; $\quad t = 164 - 15{,}4 - 139 + 49{,}8 - 5 = +54{,}5^{\circ}$;
$\phantom{p_{max} =} 1100 \quad$ „ $\phantom{; \quad t = 164 - 15{,}4} - 165 + 45{,}5 \phantom{- 5} = +24{,}1^{\circ}$;
$\phantom{p_{max} =} 1000 \quad$ „ $\phantom{; \quad t = 164 - 15{,}4} - 246 + 37{,}4 \phantom{- 5} = -14{,}9^{\circ}$;

damit bestimmt sich für $t = +40^{\circ}$ $p_{max}$ zu 11,5 kg/qmm.

In dieser Weise ist also die Berechnung der kubischen Gleichung nach den cardanischen Formeln umgangen.

Da die Maximalbeanspruchung des Stahlseils bei den gleichen Maximaldurchhängen nur wenig von der des Kupfers abweicht, ist es üblich, denselben Wert dafür in Rechnung zu setzen; dies ist in den meisten Fällen zulässig, um so mehr, als dadurch etwas zu ungünstig gerechnet wird.

Alle bisher angestellten Überlegungen für Stahl gelten nicht ohne weiteres für einen Stahldraht, der dazu dient, irgendeine andere Leitung, ein Kabel usw., zu tragen, wenn also der beanspruchte Querschnitt auch ohne den Belag von Eis oder Schnee kleiner ist als der Gesamtquerschnitt der Drähte. Man kann hierbei ebenfalls die Belastung als gleichmäßig über die ganze Länge verteilt betrachten.

In allen aufgestellten Formeln ist, um diesem Umstande Rechnung zu tragen, für $\varrho$ das Gewicht von Stahlseil und Kabel zusammen für 1 cm Länge bezogen auf 1 qcm des beanspruchten Querschnitts, für $\varrho_0$ dasselbe Gewicht vermehrt um die ganze Zusatzlast für 1 cm Länge, ebenfalls bezogen auf 1 qcm des beanspruchten Querschnitts, einzusetzen. Ein Vergleich mit den früheren Betrachtungen ist leicht durchzuführen, wenn die Zusatzlast durch Eis und Schnee in gleicher Weise wie bisher als proportional dem Querschnitt berücksichtigt wird und man annimmt, daß das angehängte Kabel dasselbe spezifische Gewicht wie das Stahlseil hat. Das spezifische Gewicht des ersteren ist im allgemeinen etwas niedriger, doch ist der Unterschied gering und tritt gegenüber der Unsicherheit bei der Annahme der Zusatzbelastung vollständig zurück. Außerdem wird dadurch ein Äquivalent für die noch hinzutretende Belastung durch die Befestigungsschleifen des angehängten Kabels und der entsprechenden Eisbelastung geschaffen.

Bei einem Schutznetz, wo zu den Eigengewichtsbelastungen noch die Belastung durch die Querdrähte hinzutritt, trifft die obige Annahme des gleichen spezifischen Gewichtes und der proportionalen Zunahme der Zusatzlast zu, da ja die vorkommenden Querschnitte nur wenig oder gar nicht voneinander abweichen.

Was nun die Größe der Zusatzlast pro Querschnittseinheit selbst anbetrifft, die wir hierbei den Rechnungen zugrunde legen wollen, so können die für Freileitungen gegebenen Normalien des V. D. E. auch für ein Stahlseil mit angehängtem Kabel in der Regel gute Dienste leisten, wenn man für das Stahlseil mit Berücksichtigung des Umstandes, daß Schnee auch den Zwischenraum zwischen Tragseil und Kabel ausfüllen kann, nicht zu geringe Sicherheit wählt. Für Schutznetze, wo die Drähte nur kleine Querschnitte aufweisen, ist der dort angegebene Wert von $0{,}015\,q$ kg viel zu gering.[1])

Schutznetze, die unter Zugrundelegung derselben montiert wären, würden bei ungünstiger Eisbelastung entweder reißen oder die Maste in ungebührlicher Weise beanspruchen. Für die Zusatzlast ist infolgedessen ein höherer Wert zu setzen; es liegt jedoch außerhalb des Rahmens dieser Arbeit, hier näher darauf einzugehen. Unsere Darlegungen bleiben, da sich das eben Gesagte nur auf die Koeffizienten bezieht, dadurch unberührt.

Bezeichnet man das Verhältnis von $\varrho_0 : \varrho$ mit $n$, so gibt diese Zahl an, um wieviel die Belastung des Drahtes bei maximaler Zusatzlast gegenüber Eigengewichtsbelastung zunimmt. Dieser Faktor behält mit der obenerwähnten Annahme betreffs Zusatzbelastung und spezifisches Gewicht sowohl für den Fall eines am Stahlseil angehängten Kabels als auch für den eines Schutznetzes stets den gleichen Wert, den er auch ohne die weitere Belastung durch das Kabel resp. die Querdrähte hatte. Wir können deshalb allgemein $\varrho_0 = n \cdot \varrho$ setzen, wo $n$ konstant ist.

Es war:

$$(4)\quad x_p = p_{max} \cdot \sqrt{\frac{24\,\alpha\,(t_0 - t)}{\varrho_{max}^2 - \varrho^2}} = p_{max}\sqrt{\frac{24\,\alpha\,(t_0 - t)}{\varrho^2\,(n^2 - 1)}} = \frac{p_{max}}{\varrho}\cdot \text{Konstante.}$$

Die Spannweite $x_p$ ist demnach umgekehrt proportional der normalen Belastung, die sich aus dem Eigengewicht des Stahlseils und dem Gewichte des Kabels zusammensetzt. Da man nun $p_{max}$ nur höher wählt, wenn auch $\varrho$ große Werte annimmt, so ersieht man, daß $x_p$ bei einem Stahlseil mit angehängtem Kabel nur in engen Grenzen variiert.

Entsprechend Gl. (6) ist für Spannweiten über $x_p$:

$$p'_{max} = \frac{\vartheta}{\alpha}(t_{max} - t_0)\,\frac{\varrho_{max}}{\varrho_{max} - \varrho}$$

oder

$$p'_{max} = \frac{\vartheta}{\alpha}(t_{max} - t_0)\,\frac{n}{n - 1}.$$

---

[1]) Der Verfasser konnte selbst eine Eisbelastung von 850 g pro lfd. m bei einem Bronzedraht von 1,5 mm $\phi$ im November 1909 in Eberswalde feststellen, was einer Zusatzbelastung von ca. 0,480 kg/qcm und 1 cm Länge entspricht. Dieser Wert übertrifft die durch die Normalien gegebene Zahl um mehr als das 30 fache.

$p'_{max}$ bleibt somit unter den gemachten Voraussetzungen konstant gleich 16,7 kg/qmm. Da ohnehin für ein Stahlseil mit angehängtem Kabel hohe Maximalbeanspruchungen gewählt werden müssen, so ist damit für Spannweiten über $x_p$ mit dem größten Durchhang stets bei — 5° und Eislast zu rechnen.

Für die Spannweiten unter $x_p$ gilt dies ebenfalls. Da $p''_{max}$ außer dem ersten Glied, dem konstanten $p'_{max}$, von $\varrho_0$ und $\varrho$ unabhängig ist, behält es den oben ausgerechneten Wert von 20,3 kg/qmm.

Wir können demnach den wichtigen, allgemein gültigen Satz aufstellen:

Für Stahl mit maximaler Beanspruchung über 20,3 kg/qmm tritt der größte Durchhang stets bei — 5° und der Zusatzbelastung 0,015 kg pro cm² des Gesamtquerschnitts und pro lfd. cm auf.

Dadurch wird dem projektierenden Ingenieur die Arbeit sehr vereinfacht; es genügt, sich der Gl. (a) für den Fall der größten Zusatzbelastung zu bedienen, um allen hierbei auftretenden Aufgaben gerecht zu werden. Die Verhältnisse bei anderen Temperaturen oder Belastungen interessieren ihn nicht.

Anders ist es, wenn es sich darum handelt, die für die Montage erforderlichen Unterlagen festzustellen. Man wird sich hierzu zweckmäßigerweise einer der Formeln (8), (9) oder (13) in der allgemeinen Form bedienen.

Da es in der Praxis sehr selten vorkommt, daß man vor die letztere Aufgabe gestellt wird, so kann davon abgesehen werden, für diesen besonderen Fall eines Stahlseils mit angehängtem Kabel Spezialformeln abzuleiten oder besondere Methoden zu ihrer Lösung aufzustellen. Und dies um so mehr, als auch die Materialkoeffizienten bei den verschiedenen Drahtsorten in großem Maße differieren, wodurch sich eine allgemeine Lösung von selbst verbietet.

Mit Benutzung obiger Ergebnisse wird die Lösung einer Aufgabe, vor die man in der Praxis öfter gestellt wird, in leichter Weise ermöglicht.

Es soll ein Kabel an ein Drahtseil angehängt werden, dessen Maximalbeanspruchung im ungünstigsten Beanspruchungsfalle vorgeschrieben ist. Außerdem sei der größte Durchhang des Kabels gegeben, indem er gleich dem der anderen an den Masten befestigten Leitungen gewählt werden soll. Es ist nun klar, daß der Gesamtzug im Seil — und da ja der Zug pro Querschnittseinheit konstant bleiben soll — auch der Querschnitt um so größer sein muß, je kleiner der maximale Durchhang wird. Man wird aber in jedem Falle aus wirtschaftlichen Gründen den Querschnitt gerade so wählen, daß, wenn in einem Sinne die Maximalbeanspruchung, auch im anderen Sinne die zur Verfügung stehende Höhe für den Maximaldurchhang ganz ausgenutzt wird, ganz abgesehen davon, daß bei Verminderung des Querschnitts auch die in Rechnung zu setzende Eislast geringer wird.

Es sei der gesuchte Querschnitt des Drahtseils $q$, dessen Gewicht pro cm³ $\delta_d$, die entsprechende Eislast wiederum $\zeta_d = 0{,}015$ kg/cm³, wobei $\delta_d + \zeta_d = \varrho_d$. Das Gewicht des Kabels einschließlich der Eislast pro lfd. cm sei $\varrho_K$, d. i. bezogen auf 1 qcm des beanspruchten Querschnitts $\varrho_K/q$. Die Gesamtbelastung pro cm³ ergibt sich somit zu $\varrho_d + \varrho_K/q$ und es ist nach (a):

$$f_{max} = \frac{\varrho_d + \varrho_K/q}{8} \cdot \frac{x^2}{p_{max}} \quad \ldots \quad (25)$$

oder

$$q = \frac{\varrho_K}{\dfrac{8 \cdot p_{max} \cdot f_{max}}{x^2} - \varrho_d} \quad \ldots \quad (26)$$

Der Gesamtzug des Seils am Mast ergibt sich damit aus (b)

$$P = q \cdot p_{max}.$$

Ist umgekehrt der Querschnitt des Seils gegeben, so berechnet sich eine der Größen, Maximaldurchhang und Maximalbeanspruchung aus der andern nach Gl. (25).

Bei Überspannungen von Tälern und Flüssen, wobei sich Spannweiten bis 500 m und darüber ergeben, muß in der Regel davon abgesehen werden, die Kupferleitungen selbsttragend zu spannen. Auch bei Verwendung von Bronze von hoher Bruchfestigkeit wird der Durchhang unzulässig groß.

Man hilft sich dann dadurch, daß man die Kupfer- resp. Aluminiumleitung an ein Stahlseil anhängt oder in einer anderen Weise, z. B. durch Verseilen, zu einem Drahtseil miteinander verbindet. Die Stahldrähte sollen dann die ganze Belastung aufnehmen.

In diesem Falle ist wiederum die Gl. (26) anzuwenden. Nötigenfalls kann mit ihr die Funktion (Querschnitt des Stahlseils, Maximaldurchhang) aufgezeichnet werden, die für die Wahl der beiden Größen die beste Handhabe bietet.

Man hat bisher bei ähnlichen großen Überspannungen in vielen Anlagen eine Anordnung mit beweglichen Stützpunkten gewählt, wodurch der Zug in den Leitungen konstant gleich dem maximal vorkommenden bleibt.[1] Diese Ausführungsart bietet kaum irgend-

---

[1] Vgl. Kraftübertragungsanlage Tofwehult-Westerwik. ETZ 1909. S. 165. Herbert Kyser. Die Zug-Ausgleichsvorrichtungen. Elektrische Kraftbetriebe und Bahnen 1910, Heft 8.

welche Vorteile. Ganz abgesehen davon, daß die Anlage dadurch viel komplizierter wird, so wird der Zweck dieser Anordnung, den Maximaldurchhang zu verringern, nicht einmal erfüllt, sobald eine Eisbelastung entsprechend den Normalien des V. D. E. für die Zusatzbelastung in Betracht kommt. Denn hierfür tritt auch gleichzeitig bei einem solchen Stahlseil mit der maximalen Beanspruchung der maximale Durchhang ein, nicht bei der maximalen Temperatur. Der konstante Zug im Seil vermindert somit nur einen Durchhang, der ohnehin kleiner ist als der maximale.

Was die Entlastung der Maste anbetrifft, die mit dieser Ausführungsart möglich ist, wenn die Seile über die beweglichen Stützpunkte hinweg geführt und erst an Widerlagern in geringer Höhe vom Erdboden gespannt werden, so ist darauf hinzuweisen, daß dies nur eine besondere Form der Verankerung der Maste darstellt. Diese läßt sich direkt in viel einfacherer und billigerer Weise bewerkstelligen.

Da es sich bei solchen Überspannungen stets um hohe Maximalbeanspruchungen im Stahlseil handelt, so gilt das eben Gesagte auch noch, wenn eine Eisbelastung von nur ganz geringer Größe in Rechnung gezogen wird. Aber auch dann, wenn eine solche gar nicht in Betracht kommt, ist diese Anordnung nicht empfehlenswert, da ihre bei sachgemäßer Ausführung sehr erheblichen Kosten in keinem Verhältnis zu ihren Vorteilen stehen. Wie wir oben feststellen konnten, ist nämlich die Änderung des Durchhangs, wenn nur die Temperatur sich verändert, sehr gering. Es handelt sich hierbei um eine Höhe in der Größenordnung von 2 m, um die die Maste günstigenfalls niedriger gemacht werden können.

# VIII. Graphisches Verfahren zur Bestimmung der Beanspruchung und des Durchhanges von Freileitungen.

Im Kap. IV wurde dargelegt, daß die Funktionen $(t,\ p)$ und $(t,\ f)$, gleichgültig, welche maximale Beanspruchung und welche Zusatzlast der Rechnung zugrunde gelegt wurden, stets die gleiche Form erhalten, daß sie nur in Richtung der $t$-Achse gegeneinander verschoben sind. Diese Eigenschaft läßt ein sehr einfaches, graphisches Verfahren zur Bestimmung der Beanspruchung und des Durchhanges für irgendwelche Voraussetzungen betreffs Maximalbeanspruchung und Zusatzlast zu. Zeichnet man nämlich die Kurven

$$t = \frac{a_8}{p^2} - b_8 \cdot p\,,$$

$$t = a_9\, f^2 - \frac{b_9}{f}$$

für ein bestimmtes $x$ in einem rechtwinkligen Koordinatensystem auf, so erhält man die gewünschten Funktionen $(t,\ p)$ und $(t,\ f)$, indem diese Kurven — oder natürlich auch umgekehrt das Koordinatensystem — um die Größe $c$, die allein von $p_{max}$ und $\varrho_{max}$ abhängig ist, parallel zu sich in Richtung der $t$-Achse verschiebt. Es ist jedoch nicht erforderlich, für jeden besonderen Fall diese Konstante $c$ zu berechnen. Es soll vielmehr im folgenden gezeigt werden, wie in einfacher Weise festgestellt werden kann, wie die Kurve zu dem Koordinatensystem liegen muß, um bei den verschiedenen Temperaturen die richtigen Werte ablesen zu lassen.

Wie bereits des näheren erläutert, haben alle Funktionen $(t,\ p)$, bei denen ein bestimmtes $p_{max}$ bzw. $\varrho_{max}$ als Ausgangspunkt genommen wurde, einen gemeinsamen Schnittpunkt, dessen Koordinaten $t_f$ und $p_{konst}$ sind. Haben wir also in einem Koordinatensystem, in dem eine beliebige $Fu\ (t,\ p)$ gezeichnet ist, den Punkt $(t_f,\ p_{konst})$ festgelegt, so gibt der Abschnitt einer durch diesen Punkt gelegten Parallelen zur $t$-Achse von diesem Punkte bis zur Kurve

die Entfernung an, in der die Kurve oder besser im umgekehrten
Sinne das Koordinatensystem zu verlegen ist, damit zwischen — 20°
und + 40° das gewünschte Stück der $Fu\,(t, p)$ abgeschnitten wird.
War zur letzteren auch die zugehörige $Fu\,(t, f)$ im gleichen Maßstab
für $t$ aufgetragen, so hat die vorgenommene Verschiebung des
Koordinatensystems auch für die Durchhangskurve Gültigkeit, denn

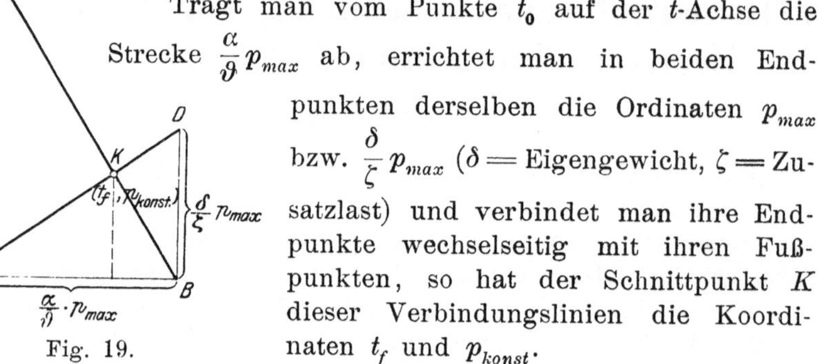


Fig. 19.

die Konstanten $c_8$ und $c_9$ der Gl. (8) und (9) haben dieselben Werte. Zur Konstruktion der charakteristischen
Schnittpunkte $(t_f,\ p_{konst})$ kann folgendes dienen:

Trägt man vom Punkte $t_0$ auf der $t$-Achse die
Strecke $\dfrac{\alpha}{\vartheta}\,p_{max}$ ab, errichtet man in beiden End-
punkten derselben die Ordinaten $p_{max}$
bzw. $\dfrac{\delta}{\zeta}\,p_{max}$ ($\delta =$ Eigengewicht, $\zeta =$ Zusatzlast) und verbindet man ihre End-
punkte wechselseitig mit ihren Fuß-
punkten, so hat der Schnittpunkt $K$
dieser Verbindungslinien die Koordinaten $t_f$ und $p_{konst}$.

Beweis: Aus der Figur 19 können,
wenn $p$, $t$ die Koordinaten des Schnittpunktes bedeuten, ohne
weiteres folgende Verhältnisse abgelesen werden:

$$\frac{p}{\dfrac{\delta}{\zeta}\cdot p_{max}} = \frac{t - t_0}{\dfrac{\alpha}{\vartheta}\cdot p_{max}},$$

$$\frac{p}{p_{max}} = \frac{\dfrac{\alpha}{\vartheta}\,p_{max} - (t - t_0)}{\dfrac{\alpha}{\vartheta}\,p_{max}}.$$

Daraus findet man mit Berücksichtigung, daß $\varrho_0 = \delta + \zeta$ und
$\varrho = \delta$:

$$p = \frac{\varrho}{\varrho_0}\cdot p_{max} = p_{konst},$$

$$t = t_0 + \frac{\alpha}{\vartheta}\left(1 - \frac{\varrho}{\varrho_0}\right)p_{max} = t_f.$$

Es ist nun leicht einzusehen, daß, wenn sich die Belastung $\zeta$
ändert, dagegen die anderen Größen, speziell $p_{max}$, konstant bleiben,
der Punkt $K$ sich auf der Geraden $BC$ bewegt. Bleibt hingegen
$\zeta$ konstant und ändert sich von allen hier in Betracht kommenden
Größen nur $p_{max}$, so ist ebenfalls leicht ersichtlich, daß dadurch

der Punkt $K$ sich auf der Geraden $AD$ bewegt, und zwar, da sich sowohl $AB$ als auch $AC$ linear mit $p_{max}$ ändern, muß sich die Gerade $BC$ parallel zu sich verschieben und bei gleichen Änderungen von $p_{max}$ gleiche Strecken auf $AD$ abschneiden. Es folgt daraus, daß einer bestimmten Zusatzlast $\zeta$ ein Strahl $AD$, den wir deshalb **Belastungsstrahl** nennen, einer bestimmten Maximalbeanspruchung aber eine Parallele $BC$, die **Beanspruchungsparallele** heißen möge, entsprechen. Die Schnittpunkte einiger Belastungsstrahlen mit einer Anzahl von Beanspruchungsparallelen gibt eine Reihe von Punkten, die jedesmal den $p_{max}$ und $\zeta$ zugehören, für die die betreffenden Strahlen und Parallelen, deren Schnittpunkte sie darstellen, charakteristisch sind. Diese Punkte werden im folgenden mit **Knotenpunkte** bezeichnet.

Da nun auf der Ordinate $AC$ von vornherein durch den dort aufgetragenen Maßstab für $p$ die verschiedenen $p_{max}$ angegeben sind, so genügt es, einmal die Richtung einer Geraden $BC$ festzustellen, um dann die übrigen Beanspruchungsparallelen ohne weiteres ziehen zu können.

Wenn man sich der Beziehungen erinnert, die wir im Kap. IV ableiteten, so ersieht man, daß diese Beanspruchungsparallele nichts anderes ist als die $\underset{x=0}{Fu\,(t,\,p)}$, die naturgemäß ebenfalls durch den gemeinsamen Schnittpunkt aller $Fu\,(t,\,p)$ für beliebige $x$ gehen muß. Dieser $\underset{x=0}{Fu\,(t,\,p)}$ kommt deshalb eine besondere Bedeutung zu, weil sich mit ihr die wichtigen Knotenpunkte in einfacher Weise bestimmen lassen; sie läßt sich durch die früher berechneten Abschnitte auf der Abszissenachse und der Ordinate $t=t_0$ leicht konstruieren und hat, ebenfalls entsprechend früheren Feststellungen, unabhängig von der Maximalbeanspruchung dieselbe Richtung zur Abszissenachse.

Ist also hiermit ein System zur Konstruktion irgendeines Knotenpunktes gegeben, d. h. eines Punktes jeder beliebigen $Fu\,(t,\,p)$, so sind damit auch alle übrigen Punkte dieser Funktion bestimmt, sobald nur ihre Form in bezug auf die senkrechten Koordinatenachsen bekannt ist. Dieses System von Beanspruchungsparallelen und Belastungsstrahlen wird im folgenden mit **Knotenpunktdiagramm** bezeichnet. Ein solches Diagramm ist in Fig. 20 für Aluminium für einige Maximalbelastungen und Maximalbeanspruchungen dargestellt und darin eine beliebige $Fu\,(t,\,p)$ eingezeichnet.

Mit $\zeta=0$ wird der Belastungsstrahl eine Parallele zur Ordinatenachse im Abstande $t_0$; es lassen sich also mit Hilfe des Knotenpunktdiagramms auch alle Berechnungen anstellen, bei denen von einem Belastungsfall $\varrho_0=\varrho=\delta$ (Eigengewicht allein) ausgegangen werden soll. Dies gilt beispielsweise für die Spannweiten unter $x_p$, wo $t_0 = -20°$ zu setzen ist. Die Knotenpunkte ergeben sich dann einfach als Schnittpunkte der Ordinate $t = t_0$ mit den betreffenden Maximalbeanspruchungen. Es genügt, mit anderen Worten, den Schnittpunkt der Geraden $p = p_{max}$ mit einer beliebigen $Fu\,(t, p)$ festzustellen und demselben die Abszisse $t_0$ zu geben, um den tatsächlichen Verlauf der bestimmten $Fu\,(t, p)$ und $Fu\,(t, f)$ über die verschiedenen Temperaturen hinweg im einzelnen verfolgen zu können.

Ein anderer Grenzfall wäre $\zeta = \infty$, womit der Belastungsstrahl in die Abszissenachse fällt, doch ist dieser ohne praktisches Interesse.

Die Bestimmung der Belastungsstrahlen geschah im vorstehenden durch Berechnung; es läßt sich natürlich das Verhältnis $\dfrac{\delta}{\zeta} \cdot p_{max}$ auch in leichter Weise ein für allemal zeichnerisch festlegen. Liegt der Schwerpunkt der Rechnungen in der Änderung der Zusatzlast, so kann es von Vorteil sein, die Hyperbel

$$BD = \frac{\delta}{\zeta} \cdot p_{max}$$

in das Diagramm aufzunehmen, um dadurch ein direktes Ablesen der zu irgendeinem $\zeta$ zugehörigen Größe $BD$ zu ermöglichen. Für viele Fälle dürfte es jedoch zweckmäßiger sein, auf die Bestimmung dieser Strecke $BD$ überhaupt zu verzichten und an deren Stelle gleich $p_{konst} = \dfrac{\delta}{\varrho_{max}} p_{max}$ fest

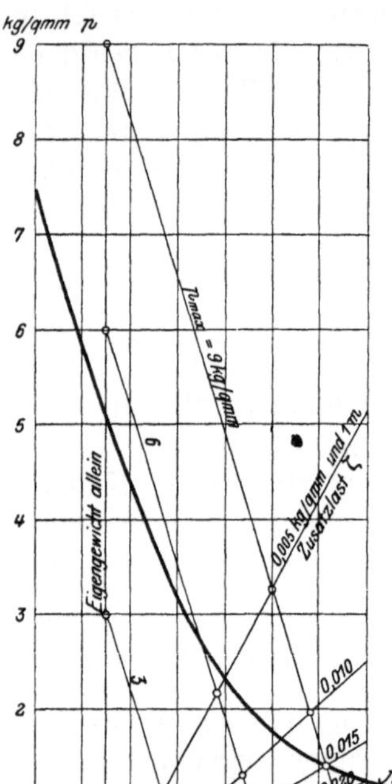


Fig. 20.
Knotenpunktdiagramm für Aluminium.

zustellen. Damit ist ebenfalls der Knotenpunkt auf der betreffenden Beanspruchungsparallelen bestimmt. Für diejenigen, die gewohnt sind, die Maximalbelastung, d. h. die Eigenlast plus der Zusatzlast, als ein Vielfaches des Eigengewichtes anzugeben, wie sich das bei älteren Methoden ergab, wird die Bestimmung der Belastungsstrahlen mit der letzteren Formel sympathischer sein. Es braucht nämlich nur ein Punkt, der den reziproken Wert dieses Belastungsfaktors, mit 10 kg multipliziert, zur Ordinate hat, auf der Beanspruchungsparallelen für 10 kg fest-

gestellt zu werden, um auch schon die Richtung des betreffenden Belastungsstrahles zu kennen. Die graphische Darstellung von

$$p_{konst} = \frac{\delta}{\varrho_{max}} \cdot p_{max},$$ in das Diagramm in passender Weise auf-

genommen, kann ebenfalls gute Dienste leisten (siehe Fig. 21). In
dieser Hinsicht muß es dem einzelnen überlassen bleiben, sich den
Weg zu wählen, der ihm am vorteilhaftesten erscheint.

Es sei noch einer Reihe anderer Verwendungsmöglichkeiten
des Knotenpunktdiagramms Erwähnung getan. Es läßt sich aus
ihm beispielsweise die Größe $p'_{max}$ feststellen, mit der wir im Kap. IV

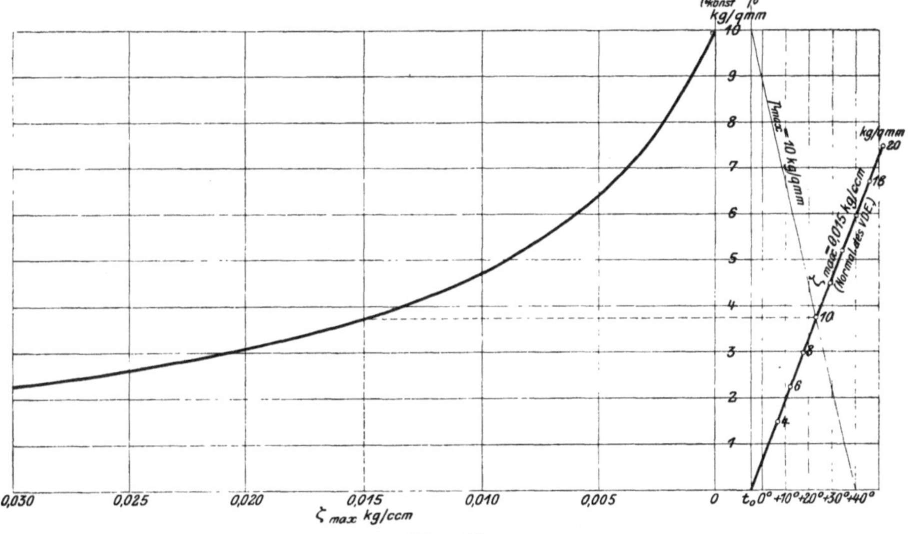


Fig. 21.

Die $Fu\,(\zeta_{max}, p_{konst})$ in ihrem Verhältnis zum Knotenpunktdiagramm.

diejenige maximale Beanspruchung bezeichneten, bei der $t_f$ gerade
gleich $+40°$ ist, bei der also der maximale Durchhang gleich-
zeitig bei $t_0$ mit $\varrho_0$ und bei $t_{max}$ mit $\varrho$ auftritt. Es ist hierfür nur
daran zu erinnern, daß der einem Knotenpunkt entsprechende
Durchhang dem Wert für den Durchhang bei $t_0$ mit der Belastung
$\varrho_0$ gleichkommt. Dementsprechend ist nur nötig, durch den Schnittpunkt des betreffenden Belastungsstrahls mit der Ordinate $t = +40°$
eine Beanspruchungsparallele zu ziehen, die ihrerseits auf der Ordinate $t = t_0$ das Stück $p'_{max}$ abschneidet.

Da alle Beanspruchungskurven $(t, \dot{p})$ mit steigender Temperatur
abfallend, die Durchhangskurven in gleichem Sinne aufsteigend
sind, so sind für alle Knotenpunkte, die zwischen $t = t_0$ und $t = t_{max}$
liegen, die Ausgangswerte $p_{max}$ und $\varrho_0$ derart, daß der Maximal-

durchhang bei $t_{max}$ auftritt. Für die Verhältnisse hingegen, die durch Knotenpunkte jenseits der Geraden $t = t_{max}$ charakterisiert sind, stellt sich der Maximaldurchhang bei $t_0$ mit Zusatzbelastung ein. Er kann natürlich ebenfalls, als dem Knotenpunkt zugehörig, mit Hilfe des Diagramms festgestellt werden.

Das Knotenpunktdiagramm kann aber auch in den Fällen von besonderem Wert sein, wo die Zusatzbelastung nicht a priori als Eis- oder Windbelastung gegeben ist, sondern eventuell mit Berücksichtigung besonderer Verhältnisse erst zu wählen ist. Es soll z. B. für eine bestimmte Spannweite untersucht werden, in welchen Grenzen sich die Zusatzlast gleichzeitig mit der Maximalbeanspruchung ändern kann, so, daß der Wert für den Durchhang bei $t_{max}$ konstant bleibt oder allgemeiner so, daß dadurch sowohl die Änderung der Beanspruchung als auch der Durchhang zwischen $t_{min}$ und $t_{max}$ unberührt bleiben. Man lege die Kurven für die Beanspruchung und den Durchhang für die betreffende Spannweite so in das Diagramm, daß sich bei $t = t_{max}$ eine Ordinate $f$ gleich dem gegebenen Durchhang ergibt. Dann verbindet die $Fu$ $(t, p)$ alle Knotenpunkte, für die die gestellten Bedingungen zutreffen. Für Knotenpunkte jenseits der maximalen Temperatur ist, wenn es sich speziell um den maximalen Durchhang handelt, dieses Kriterium nicht mehr richtig, da hier der größte Durchhang nicht mehr bei $t_{max}$ auftritt, sondern jeweils dem $p_{konst}$ entspricht. Die Knotenpunkte, die also hier den gleichen Maximaldurchhang ergeben, müssen infolgedessen gleiche $p_{konst}$ aufweisen, d. h. sie müssen auf einer Parallelen zur $t$-Achse liegen, die durch den Schnittpunkt der eben betrachteten $Fu$ $(t, p)$ mit $t = t_{max}$ gezogen werden kann. Durch sie wird das Kriterium vervollständigt.

In ähnlicher Weise kann auch der seltene Fall untersucht werden, wo die Maximalbeanspruchung vorgeschrieben wird und ermittelt werden soll, welche Maximaldurchhänge sich bei verschiedenen Zusatzbelastungen einstellen. Der Knotenpunkt bewegt sich hierbei auf der betreffenden Beanspruchungsparallelen.

Zu der praktischen Durchbildung dieser Methode ist folgendes zu bemerken:

Es sind für einzelne Spannweiten Kurven der Form:

$$t = \frac{a_8}{p^2} - b_8 p,$$

$$t = a_9 f^2 - \frac{b_9}{f}$$

zu berechnen und mit denselben Abszissen aufzutragen. An Stelle der 2. Gleichung tritt zweckmäßigerweise Gl. (a). Es genügt voll-

ständig, Spannweiten zu wählen, die je um 20 m voneinander entfernt liegen, so daß man beispielsweise von 0 bis 200 m je 10 Kurven
zu berechnen hat. Die Beanspruchungskurven müssen alle noch
den Wert des größten $p_{max}$ als Ordinate aufweisen, der für die
Rechnung mit $\varrho_0 = \delta$ gebraucht wird. Eine untere Grenze dafür
ergibt sich in gewissem Maße aus dem größten, noch praktisch
vorkommenden Durchhang, dem eine kleinste Beanspruchung entspricht. Eine Probe für die Richtigkeit der ermittelten Werte ergibt sich aus der Stetigkeit und in der regelmäßigen Aufeinander-
folge der einzelnen Kurven, das letztere jedoch nur, wenn diese
nicht beliebig, sondern nach gewissen Gesichtspunkten hin in die
Kurventafel eingezeichnet werden. Man wird andererseits auch
schon zwecks größerer Übersichtlichkeit anstreben, ohne die Kurven
unnötig weit auseinanderzuziehen, ein Schneiden derselben zu vermeiden. Es läßt sich dies beispielsweise dadurch erreichen, daß
man, nachdem die Kurven nach den eben angeführten Formeln
ohne Konstante $c_8$ berechnet sind, sie so aufzeichnet, daß die höchsten Punkte der Beanspruchungskurven je um 5 oder 10 mm voneinander entfernt sind, sei es dadurch, daß man ein Millimeterpapier unter dem durchsichtigen Zeichenpapier entsprechend verschiebt, sei es schließlich dadurch, daß die einzelnen Kurven durch
Addition eines bestimmten Wertes in der gewünschten Weise verschoben werden.

In dem unten durchgerechneten Beispiel wurde noch ein anderer
Weg eingeschlagen, der ebenfalls, wie sich zeigen wird, in einfacher
Weise zum Ziele führt (siehe Tafel II).

Hat man eine solche Kurventafel aufgezeichnet, so kann man
darin das Knotenpunktdiagramm etwa zwei- oder dreimal, über die
ganze Tafel verteilt, mit aufnehmen. Zweckmäßiger dürfte es jedoch
sein, das Knotenpunktdiagramm auf durchsichtigem Millimeterpapier
ein für allemal herzustellen (s. Deckblatt Tafel III). Man kann sich
dann den für den jeweils vorliegenden Fall gültigen Teil der $Fu$ $(t, p)$
resp. $Fu$ $(t, f)$ in der einfachsten Weise verschaffen, indem man
dieses Knotenpunktdiagramm so auf die Kurventafel legt, daß die
Abszissenachsen zusammenfallen und der betreffende Knotenpunkt
auf der Beanspruchungskurve liegt, die der gegebenen Spannweite
entspricht. Es sind dann nur in das aufgelegte Millimeterpapier
die Kurven für die Beanspruchung und den Durchhang zwischen
$-20^0$ und $+40^0$ nachzuziehen. Damit hat man die gesuchten
$Fu$ $(t, p)$ und $Fu$ $(t, f)$ im Bilde und kann sie durch Lichtpausen beliebig vervielfältigen. Radiert man die nicht mehr erforderlichen
Kurven wieder aus, so kann dasselbe Knotenpunktdiagramm zu
wiederholten Malen benutzt werden.

Interessiert nicht die ganze $Fu$ $(t, p)$ oder $(t, f)$, sondern nur ein Punkt derselben, so braucht natürlich nur dieser abgelesen zu werden.

Berücksichtigen die anzustellenden Berechnungen zum größten Teil ein und dieselbe maximale Zusatzlast, wie z. B. bei Zugrundelegung der Normalien des V. D. E., so genügt es natürlich, sich von dem Knotenpunktdiagramm nur den einen Belastungsstrahl zu zeichnen und darauf die den einzelnen Maximalbeanspruchungen entsprechenden Knotenpunkte zu markieren (Fig. 21).

Für Berechnungen, wo eine Zusatzbelastung nicht zu berücksichtigen ist, gibt die Figur auch ohne Knotenpunktdiagramm jeden gewünschten Aufschluß, da, wie bereits erwähnt, durch die Millimetereinteilung der Kurventafel selbst für alle möglichen Temperaturen ohne weiteres sich die hier interessierenden Werte ablesen lassen.

Die Kurventafel stellt demnach quasi die vollständigste Tabelle über Beanspruchungen und Durchhänge bei Freileitungen dar.

Kurventafeln mit Knotenpunktdiagramm, wie eben beschrieben, sind für jedes Leitungsmaterial für die wichtigsten Spannweiten zu zeichnen.

Was den Fall eines Stahlseils mit angehängtem Kabel anbetrifft, so sei auf die Ausführungen des vorigen Kapitels verwiesen; derselbe fand dementsprechend hier keine Berücksichtigung.

# IX. Anwendung des graphischen Verfahrens auf Hartkupfer.

Bei der Berechnung der Kurventafel II für Kupfer gingen wir von folgenden Gesichtspunkten aus: die einzelnen Kurven sollen den Belastungsstrahl für $\zeta_0 = 0{,}015$ kg/cm³ in gleichen Abständen schneiden, und zwar soll die Kurve für 20000 cm durch den Knotenpunkt gehen, der der Maximalbeanspruchung 2000 kg/qcm entspricht, die für 18000 cm durch den Knotenpunkt für $p_{max} = 1800$ kg/qcm, usf. bis 0.

Die Berechnung wird dann wie folgt:

Allgemein:

$$t = 0{,}195\,\frac{x^2}{p^2} - 0{,}0452\,p - \underbrace{1{,}4\,\frac{x^2}{p_{max}^2} + 0{,}0452\,p_{max} + t_0}_{c_8}.$$

| cm | kg/qcm | | $c_8$ |
|---|---|---|---|
| $x = 20000$ | $p_{max} = 2000$ | $c_8 = -140 + 90{,}5 - 5 =$ | $-54{,}5$ |
| 18000 | 1800 | $-140 + 81{,}5 - 5 =$ | $-63{,}5$ |
| 16000 | 1600 | $-140 + 72{,}5 - 5 =$ | $-72{,}6$ |
| 14000 | 1400 | $-140 + 63{,}3 - 5 =$ | $-81{,}7$ |
| 12000 | 1200 | $-140 + 54{,}3 - 5 =$ | $-90{,}7$ |
| 10000 | 1000 | $-140 + 45{,}2 - 5 =$ | $-99{,}8$ |
| 8000 | 800 | $-140 + 36{,}1 - 5 =$ | $-108{,}9$ |
| 6000 | 600 | $-140 + 27{,}1 - 5 =$ | $-117{,}9$ |
| 4000 | 400 | $-140 + 18{,}1 - 5 =$ | $-126{,}9$ |
| 2000 | 200 | $-140 + 9{,}0 - 5 =$ | $-136{,}0$ |
| 0 | 0 | $-140 + 0{,}0 - 5 =$ | $-145{,}0$ |

Für $p = p_{max}$:  $\quad t = (0{,}195 - 1{,}4)\,\dfrac{x^2}{p_{max}^2} + t_0;$ $\quad t = -125{,}5°;$

$x = 20000$ cm;  $\qquad p_{max} = 2000$ kg/qcm.

$$t = 0{,}195\,\frac{4 \cdot 10^8}{p^2} - 0{,}0452\,p - 54{,}5; \qquad f = \frac{8{,}9 \cdot 10^{-3}}{8} \cdot \frac{x^2}{p}.$$

$$
\begin{aligned}
\text{kg/qcm} && && && && \text{cm}\\
p = 2000 && t = && && = -125{,}5^{0}; && f = 222{,}0\\
1800 && = 24{,}0 - 81{,}5 - 54{,}5 &= -112{,}0 && && 246{,}5\\
1600 && 30{,}4 - 72{,}5 - 54{,}5 &= -\phantom{0}96{,}6 && && 278{,}0\\
1400 && 39{,}8 - 63{,}3 - 54{,}5 &= -\phantom{0}78{,}0 && && 318{,}0\\
1200 && 54{,}0 - 54{,}2 - 54{,}5 &= -\phantom{0}54{,}8 && && 370{,}5\\
1000 && 77{,}9 - 45{,}2 - 54{,}5 &= -\phantom{0}21{,}8 && && 445{,}0\\
800 && 121{,}9 - 36{,}2 - 54{,}5 &= +\phantom{0}31{,}2 && && 558{,}0\\
700 && 158{,}1 - 31{,}6 - 54{,}5 &= +\phantom{0}72{,}0 && && 637{,}0\\
600 && 216{,}0 - 27{,}1 - 54{,}5 &= +134{,}4 && && 740{,}0\\
550 && 256{,}5 - 24{,}9 - 54{,}5 &= +177{,}1 && && 810{,}0\\
500 && 312{,}0 - 22{,}6 - 54{,}5 &= +234{,}9 && && 890{,}0\\
450 && 384{,}5 - 20{,}4 - 54{,}5 &= +309{,}6 && && 990{,}0\\
400 && 486{,}0 - 18{,}1 - 54{,}5 &= +413{,}4 && && 1115{,}0
\end{aligned}
$$

$$\underline{x = 18\,000 \text{ cm};} \qquad \underline{p_{max} = 1800 \text{ kg/qcm.}}$$

$$t = 0{,}195 \,\frac{324 \cdot 10^{6}}{p^{2}} - 0{,}0452\,p - 63{,}5.$$

$$
\begin{aligned}
\text{kg/qcm} && && && && \text{cm}\\
p = 2000 && t = 16{,}8 - 90{,}5 - 63{,}5 &= -137{,}2^{0}; && f = 180\\
1800 && 19{,}5 - 81{,}5 - 63{,}5 &= -125{,}5 && && 200\\
1600 && 24{,}5 - 72{,}5 - 63{,}5 &= -111{,}5 && && 225\\
1400 && 32{,}2 - 63{,}3 - 63{,}5 &= -\phantom{0}94{,}6 && && 257\\
1200 && 43{,}9 - 54{,}3 - 63{,}5 &= -\phantom{0}73{,}9 && && 300\\
1000 && 63{,}0 - 45{,}2 - 63{,}5 &= -\phantom{0}45{,}7 && && 360\\
800 && 98{,}9 - 36{,}2 - 63{,}5 &= -\phantom{00}0{,}8 && && 450\\
700 && 129{,}0 - 31{,}6 - 63{,}5 &= +\phantom{0}33{,}9 && && 514\\
600 && 175{,}8 - 27{,}1 - 63{,}5 &= +\phantom{0}85{,}0 && && 600\\
500 && 252{,}0 - 22{,}6 - 63{,}5 &= +165{,}9 && && 720\\
470 && 285{,}0 - 21{,}2 - 63{,}5 &= +200{,}3 && && 768\\
440 && 325{,}0 - 19{,}9 - 63{,}5 &= +241{,}6 && && 820\\
420 && 356{,}5 - 19{,}0 - 63{,}5 &= +274{,}0 && && 860\\
400 && 395{,}0 - 18{,}1 - 63{,}5 &= +313{,}4 && && 900
\end{aligned}
$$

$$\underline{x = 16\,000 \text{ cm};} \qquad \underline{p_{max} = 1600 \text{ kg/qcm.}}$$

$$t = 0{,}195 \,\frac{256 \cdot 10^{6}}{p^{2}} - 0{,}0452\,p - 72{,}6.$$

$$
\begin{aligned}
\text{kg/qcm} && && && && \text{cm}\\
p = 2000 && t = 12{,}6 - 90{,}5 - 72{,}6 &= -150{,}5^{0}; && f = 142{,}1\\
1600 && 19{,}6 - 72{,}5 - 72{,}6 &= -125{,}5 && && 177{,}9\\
1200 && 34{,}9 - 54{,}3 - 72{,}6 &= -\phantom{0}92{,}0 && && 237{,}1\\
1000 && 50{,}1 - 45{,}2 - 72{,}6 &= -\phantom{0}67{,}7 && && 284{,}4\\
800 && 78{,}5 - 36{,}2 - 72{,}6 &= -\phantom{0}30{,}3 && && 356{,}0\\
700 && 121{,}0 - 31{,}6 - 72{,}6 &= \phantom{-}\phantom{0}16{,}8 && && 406{,}5
\end{aligned}
$$

$$\begin{array}{llll}
\mathrm{kg/qcm} & & & \mathrm{cm} \\
p = 600 & t = 139,9 - 27,1 - 72,6 = + \; 40,2^0; & f = 475,0 \\
550 & 168,0 - 24,9 - 72,6 = + \; 70,5 & 518,0 \\
500 & 201,0 - 22,6 - 72,6 = + 105,8 & 570,0 \\
450 & 248,5 - 20,4 - 72,6 = + 155,7 & 634,0 \\
400 & 315,0 - 18,1 - 72,6 = + 224,3 & 712,0 \\
380 & 347,0 - 17,2 - 72,6 = + 257,2 & 750,0 \\
350 & 410,0 - 15,8 - 72,6 = + 321,6 & 814,0 \\
300 & 560,0 - 13,5 - 72,6 = + 474,0 & 950,0
\end{array}$$

$$x = 14\,000 \;\mathrm{cm}; \qquad p_{max} = 1400 \;\mathrm{kg/qcm}.$$

$$t = 0,195 \; \frac{196 \cdot 10^6}{p^2} - 0,0452 \, p - 81,7 \, .$$

$$\begin{array}{llll}
\mathrm{kg/qcm} & & & \mathrm{cm} \\
p = 2000 & t = \;\; 9,6 - 90,5 - 81,7 = - 162,6^0; & f = 109,0 \\
1800 & 11,8 - 81,5 - 81,7 = - 151,4 & 121,2 \\
1600 & 14,9 - 72,5 - 81,7 = - 139,3 & 136,1 \\
1400 & 19,5 - 63,3 - 81,7 = - 125,5 & 156,0 \\
1200 & 26,5 - 54,3 - 81,7 = - 109,5 & 182,0 \\
1000 & 38,2 - 45,2 - 81,7 = - \;\; 88,7 & 218,0 \\
800 & 59,8 - 36,2 - 81,7 = - \;\; 58,1 & 273,0 \\
700 & 78,0 - 31,6 - 81,7 = - \;\; 35,3 & 311,5 \\
600 & 106,0 - 27,1 - 81,7 = - \;\;\;\; 2,8 & 364,0 \\
550 & 126,1 - 24,9 - 81,7 = + \;\; 19,5 & 396,0 \\
500 & 152,8 - 22,6 - 81,7 = + \;\; 48,5 & 436,0 \\
450 & 189,0 - 20,4 - 81,7 = + \;\; 86,9 & 485,0 \\
400 & 239,0 - 18,1 - 81,7 = + 139,2 & 545,5 \\
350 & 312,0 - 15,8 - 81,7 = + 214,5 & 621,0 \\
300 & 425,0 - 13,5 - 81,7 = + 329,8 & 729,0
\end{array}$$

$$x = 12\,000 \;\mathrm{cm}; \qquad p_{max} = 1200 \;\mathrm{kg/qcm}.$$

$$t = 0,195 \; \frac{144 \cdot 10^6}{p^2} - 0,0452 \, p - 90,7 \, .$$

$$\begin{array}{llll}
\mathrm{kg/qcm} & & & \mathrm{cm} \\
p = 2000 & t = \;\; 7,0 - 90,5 - 90,7 = - 174,2^0; & f = 80,2 \\
1600 & 11,0 - 72,5 - 90,7 = - 152,2 & 100,0 \\
1200 & 19,5 - 54,3 - 90,7 = - 125,5 & 132,0 \\
1000 & 28,0 - 45,2 - 90,7 = - 107,9 & 160,0 \\
800 & 44,0 - 36,2 - 90,7 = - \;\; 82,9 & 200,1 \\
700 & 57,2 - 31,6 - 90,7 = - \;\; 65,1 & 228,9 \\
600 & 78,0 - 27,1 - 90,7 = - \;\; 39,8 & 257,2 \\
550 & 93,0 - 24,9 - 90,7 = - \;\; 22,6 & 291,6 \\
500 & 112,2 - 22,6 - 90,7 = - \;\;\;\; 1,1 & 320,2 \\
450 & 138,9 - 20,4 - 90,7 = \;\;\;\; 27,8 & 356,0
\end{array}$$

|  | kg/qcm |  |  | cm |
|---|---|---|---|---|
| $p = 400$ | $t = 176{,}0 - 18{,}1 - 90{,}7 = +\ 67{,}2^0;$ | | | $f = 400{,}0$ |
| 370 | $205{,}0 - 16{,}8 - 90{,}7 = +\ 97{,}5$ | | | 434,0 |
| 350 | $230{,}0 - 15{,}8 - 90{,}7 = + 123{,}5$ | | | 458,0 |
| 320 | $274{,}5 - 14{,}5 - 90{,}7 = + 169{,}3$ | | | 500,0 |
| 300 | $312{,}5 - 13{,}5 - 90{,}7 = + 208{,}3$ | | | 535,0 |
| 280 | $359{,}0 - 12{,}6 - 90{,}7 = + 255{,}7$ | | | 572,0 |
| 270 | $385{,}0 - 12{,}2 - 90{,}7 = + 282{,}1$ | | | 594,5 |
| 260 | $415{,}5 - 11{,}8 - 90{,}7 = + 313{,}0$ | | | 616,0 |
| 250 | $450{,}0 - 11{,}3 - 90{,}7 = + 348{,}0$ | | | 640,0 |

$$x = 10\,000 \text{ cm}; \qquad p_{max} = 1000 \text{ kg/qcm.}$$

$$t = 0{,}195 \, \frac{100 \cdot 10^6}{p^2} - 0{,}0452 \, p - 99{,}8.$$

|  | kg/qcm |  |  | cm |
|---|---|---|---|---|
| $p = 2000$ | $t = \phantom{0}4{,}9 - 90{,}5 - 99{,}8 = -\ 185{,}4^0;$ | | | $f = 55{,}6$ |
| 1600 | $\phantom{00}7{,}6 - 72{,}5 - 99{,}8 = - 164{,}7$ | | | 69,5 |
| 1200 | $\phantom{0}13{,}6 - 54{,}3 - 99{,}8 = - 140{,}5$ | | | 92,9 |
| 1000 | $\phantom{0}19{,}5 - 45{,}2 - 99{,}8 = - 125{,}5$ | | | 111,1 |
| 700 | $\phantom{0}39{,}8 - 31{,}6 - 99{,}8 = -\ \phantom{0}91{,}6$ | | | 159,0 |
| 600 | $\phantom{0}54{,}0 - 27{,}1 - 99{,}8 = -\ \phantom{0}72{,}9$ | | | 185,5 |
| 550 | $\phantom{0}64{,}5 - 24{,}9 - 99{,}8 = -\ \phantom{0}60{,}2$ | | | 202,1 |
| 500 | $\phantom{0}78{,}0 - 22{,}6 - 99{,}8 = -\ \phantom{0}44{,}4$ | | | 222,4 |
| 450 | $\phantom{0}96{,}2 - 20{,}4 - 99{,}8 = -\ \phantom{0}24{,}0$ | | | 247,5 |
| 400 | $122{,}0 - 18{,}1 - 99{,}8 = +\ \phantom{00}4{,}1$ | | | 278,0 |
| 370 | $142{,}1 - 16{,}8 - 99{,}8 = +\ \phantom{0}25{,}5$ | | | 301,0 |
| 350 | $159{,}1 - 15{,}8 - 99{,}8 = +\ \phantom{0}43{,}5$ | | | 318,0 |
| 320 | $190{,}1 - 14{,}5 - 99{,}8 = +\ \phantom{0}75{,}8$ | | | 348,0 |
| 300 | $216{,}0 - 13{,}5 - 99{,}8 = + 102{,}7$ | | | 371,0 |
| 280 | $249{,}0 - 12{,}6 - 99{,}8 = + 136{,}6$ | | | 398,0 |
| 270 | $267{,}5 - 12{,}2 - 99{,}8 = + 155{,}5$ | | | 412,5 |
| 250 | $311{,}0 - 11{,}3 - 99{,}8 = + 200{,}0$ | | | 445,0 |
| 230 | $369{,}5 - 10{,}4 - 99{,}8 = + 259{,}0$ | | | 484,5 |
| 210 | $442{,}0 - \phantom{0}9{,}5 - 99{,}8 = + 332{,}7$ | | | 530,0 |
| 200 | $488{,}0 - \phantom{0}9{,}1 - 99{,}8 = + 379{,}1$ | | | 556,5 |

$$x = 8000 \text{ cm}; \qquad p_{max} = 800 \text{ kg/qcm.}$$

$$t = 0{,}195 \, \frac{64 \cdot 10^6}{p^2} - 0{,}0452 \, p - 108{,}9.$$

|  | kg/qcm |  |  | cm |
|---|---|---|---|---|
| $p = 2000$ | $t = 3{,}1 - 90{,}5 - 108{,}9 = - 196{,}3^0;$ | | | $f = 35{,}6$ |
| 1600 | $4{,}9 - 72{,}5 - 108{,}9 = - 176{,}5$ | | | 44,5 |
| 1200 | $8{,}7 - 54{,}3 - 108{,}9 = - 154{,}5$ | | | 59,4 |
| 1000 | $12{,}5 - 45{,}2 - 108{,}9 = - 141{,}6$ | | | 71,1 |

$$
\begin{array}{lll}
\mathrm{kg/qcm} & & \mathrm{cm} \\
p = 800 & t = 19,5 - 36,2 - 108,9 = -125,6^{0}; & f = 89,0 \\
700 & 25,5 - 31,6 - 108,9 = -115,0 & 103,0 \\
600 & 34,6 - 27,1 - 108,9 = -101,4 & 118,5 \\
500 & 50,0 - 22,6 - 108,9 = -81,5 & 141,0 \\
400 & 78,0 - 18,1 - 108,9 = -49,0 & 178,0 \\
350 & 102,0 - 15,8 - 108,9 = -22,7 & 218,0 \\
300 & 138,2 - 13,5 - 108,9 = +15,8 & 238,0 \\
270 & 171,0 - 12,2 - 108,9 = +49,9 & 264,0 \\
250 & 199,8 - 11,3 - 108,9 = +79,6 & 283,0 \\
230 & 235,5 - 10,4 - 108,9 = +116,2 & 309,8 \\
210 & 283,0 - 9,5 - 108,9 = +164,6 & 339,0 \\
200 & 311,0 - 9,1 - 108,9 = +193,0 & 356,0 \\
180 & 385,0 - 8,1 - 108,9 = +268,0 & 395,5 \\
160 & 478,0 - 7,2 - 108,9 = +361,0 & 445,0
\end{array}
$$

$$x = 6000\,\mathrm{cm}; \qquad \underline{p_{max} = 600\,\mathrm{kg/qcm.}}$$

$$t = 0,195\,\frac{36 \cdot 10^{6}}{p^{2}} - 0,0452\,p - 117,9.$$

$$
\begin{array}{lll}
\mathrm{kg/qcm} & & \mathrm{cm} \\
p = 2000 & t = 1,8 - 90,5 - 117,9 = -206,6^{0}; & f = 20,0 \\
1600 & 2,7 - 72,5 - 117,9 = -187,7 & 25,0 \\
1200 & 4,9 - 54,3 - 117,9 = -167,3 & 33,4 \\
800 & 11,0 - 36,2 - 117,9 = -143,1 & 50,0 \\
600 & 19,5 - 27,1 - 117,9 = -125,5 & 66,8 \\
500 & 28,0 - 22,6 - 117,9 = -112,5 & 80,0 \\
400 & 43,9 - 18,1 - 117,9 = -92,1 & 100,0 \\
350 & 57,1 - 15,8 - 117,9 = -76,6 & 141,0 \\
300 & 78,0 - 13,5 - 117,9 = -53,4 & 133,0 \\
270 & 96,5 - 12,2 - 117,9 = -33,6 & 148,1 \\
250 & 112,1 - 11,3 - 117,9 = -17,1 & 160,0 \\
230 & 132,5 - 10,4 - 117,9 = +4,2 & 174,0 \\
210 & 159,1 - 9,5 - 117,9 = +31,7 & 190,5 \\
200 & 175,9 - 9,1 - 117,9 = +48,9 & 200,0 \\
180 & 216,0 - 8,1 - 117,9 = +96,0 & 222,1 \\
160 & 274,5 - 7,2 - 117,9 = +149,4 & 250,0 \\
150 & 313,0 - 6,8 - 117,9 = +188,3 & 267,0 \\
130 & 415,5 - 5,9 - 117,9 = +291,7 & 358,0 \\
125 & 450,0 - 5,6 - 117,9 = +326,5 & 320,0 \\
120 & 488,0 - 5,4 - 117,9 = +364,7 & 333,7
\end{array}
$$

$$x = 4000\,\mathrm{cm}; \qquad \underline{p_{max} = 400\,\mathrm{kg/qcm.}}$$

$$t = 0,195\,\frac{16 \cdot 10^{6}}{p^{2}} - 0,0452\,p - 126,9.$$

| kg/qcm | | cm |
|---|---|---|
| $p = 2000$ | $t = 0{,}8 - 90{,}5 - 126{,}9 = - 216{,}6^{0}$; | $f = 8{,}9$ |
| 1600 | $1{,}2 - 72{,}5 - 126{,}9 = - 198{,}2$ | 11,1 |
| 1200 | $2{,}2 - 54{,}3 - 126{,}9 = - 179{,}0$ | 14,8 |
| 800 | $4{,}9 - 36{,}2 - 126{,}9 = - 158{,}0$ | 22,2 |
| 600 | $8{,}7 - 27{,}1 - 126{,}9 = - 145{,}0$ | 29,7 |
| 500 | $12{,}5 - 22{,}6 - 126{,}9 = - 137{,}0$ | 35,6 |
| 400 | $19{,}5 - 18{,}1 - 126{,}9 = - 125{,}5$ | 44,5 |
| 350 | $25{,}5 - 15{,}8 - 126{,}9 = - 117{,}2$ | 51,0 |
| 300 | $34{,}5 - 13{,}5 - 126{,}9 = - 105{,}9$ | 59,5 |
| 270 | $42{,}8 - 12{,}2 - 126{,}9 = - \ \ 96{,}3$ | 66,0 |
| 250 | $50{,}0 - 11{,}3 - 126{,}9 = - \ \ 88{,}2$ | 71,2 |
| 230 | $59{,}0 - 10{,}4 - 126{,}9 = - \ \ 78{,}3$ | 77,5 |
| 210 | $70{,}8 - \ \ 9{,}5 - 126{,}9 = - \ \ 65{,}6$ | 85,0 |
| 200 | $78{,}0 - \ \ 9{,}1 - 126{,}9 = - \ \ 58{,}0$ | 89,0 |
| 180 | $96{,}1 - \ \ 8{,}1 - 126{,}9 = - \ \ 38{,}9$ | 99,0 |
| 150 | $138{,}5 - \ \ 6{,}8 - 126{,}9 = + \ \ \ \ 4{,}8$ | 118,6 |
| 130 | $184{,}0 - \ \ 5{,}9 - 126{,}9 = + \ \ 51{,}2$ | 136,9 |
| 120 | $216{,}0 - \ \ 5{,}4 - 126{,}9 = + \ \ 83{,}7$ | 148,1 |
| 115 | $235{,}5 - \ \ 5{,}2 - 126{,}9 = + 102{,}9$ | 154,9 |
| 110 | $258{,}0 - \ \ 5{,}0 - 126{,}9 = + 126{,}1$ | 161,7 |
| 105 | $282{,}0 - \ \ 4{,}7 - 126{,}9 = + 150{,}4$ | 169,5 |
| 100 | $312{,}0 - \ \ 4{,}5 - 126{,}9 = + 180{,}6$ | 178,0 |
| 95 | $329{,}0 - \ \ 4{,}3 - 126{,}9 = + 197{,}8$ | 187,4 |
| 90 | $346{,}0 - \ \ 4{,}1 - 126{,}9 = + 215{,}0$ | 197,9 |
| 80 | $478{,}0 - \ \ 3{,}6 - 126{,}9 = + 347{,}5$ | 222,5 |
| 75 | $555{,}0 - \ \ 3{,}2 - 126{,}9 = + 424{,}9$ | 237,5 |

$$x = 2000 \,\text{cm}; \qquad p_{max} = 200 \,\text{kg/qcm}.$$

$$t = 0{,}195 \,\frac{4 \cdot 10^{6}}{p^{2}} - 0{,}0452 \, p - 136.$$

| kg/qcm | | cm |
|---|---|---|
| $p = 2000$ | $t = 0{,}2 - 90{,}5 - 136 = - 226{,}3^{0}$; | $f = 2{,}2$ |
| 1600 | $0{,}3 - 72{,}5 - 136 = - 208{,}2$ | 2,8 |
| 1200 | $0{,}5 - 54{,}3 - 136 = - 189{,}8$ | 3,7 |
| 800 | $1{,}2 - 36{,}2 - 136 = - 171{,}0$ | 5,6 |
| 600 | $2{,}2 - 27{,}1 - 136 = - 160{,}9$ | 7,4 |
| 500 | $3{,}1 - 22{,}6 - 136 = - 155{,}5$ | 8,9 |
| 400 | $4{,}9 - 18{,}1 - 136 = - 149{,}2$ | 11,1 |
| 300 | $8{,}7 - 13{,}5 - 136 = - 140{,}8$ | 14,8 |
| 250 | $12{,}5 - 11{,}3 - 136 = - 134{,}8$ | 17,8 |
| 200 | $19{,}5 - \ \ 9{,}1 - 136 = - 125{,}6$ | 22,2 |
| 180 | $24{,}0 - \ \ 8{,}1 - 136 = - 124{,}1$ | 24,7 |

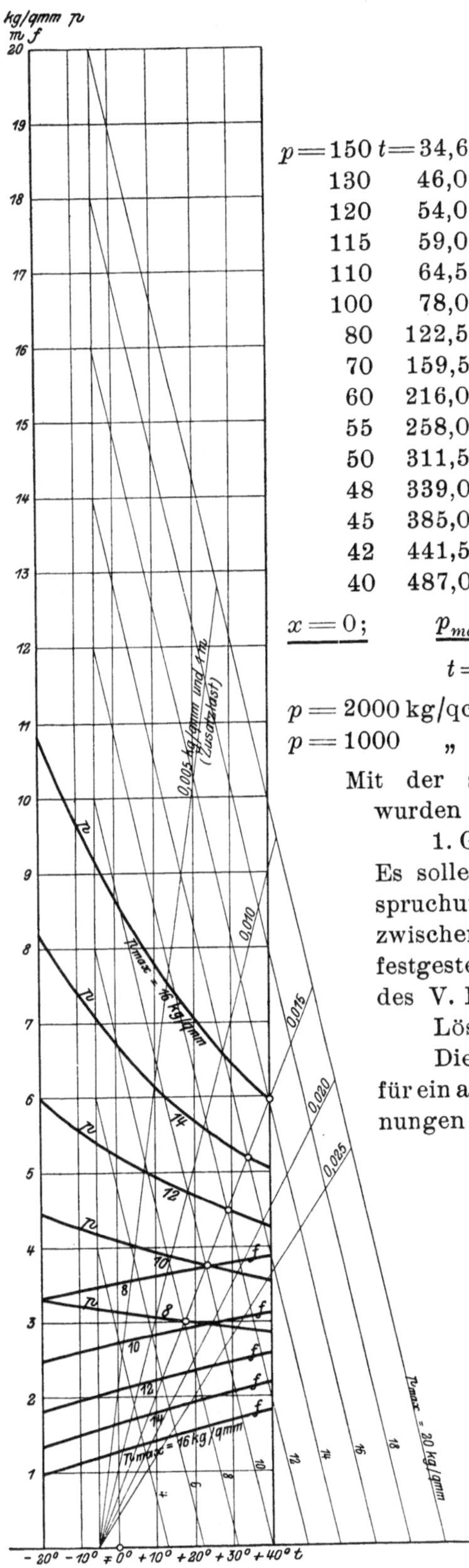



Fig. 22.

$Fu\ (t,\ p)$ und $(t,\ f)$ bei 100 m Spannweite.

$$p = 150\ t = 34{,}6 - 6{,}8 - 136 = -108{,}2^0;\ f = 29{,}6$$

| | | |
|---|---|---|
| 130 | $46{,}0 - 5{,}9 - 136 = -\ 95{,}9$ | 34,2 |
| 120 | $54{,}0 - 5{,}4 - 136 = -\ 87{,}4$ | 37,1 |
| 115 | $59{,}0 - 5{,}2 - 136 = -\ 82{,}2$ | 38,7 |
| 110 | $64{,}5 - 5{,}0 - 136 = -\ 76{,}5$ | 40,5 |
| 100 | $78{,}0 - 4{,}5 - 136 = -\ 62{,}5$ | 44,5 |
| 80 | $122{,}5 - 3{,}6 - 136 = -\ 16{,}7$ | 55,6 |
| 70 | $159{,}5 - 3{,}2 - 136 = +\ 20{,}3$ | 63,5 |
| 60 | $216{,}0 - 2{,}7 - 136 = +\ 77{,}3$ | 74,1 |
| 55 | $258{,}0 - 2{,}5 - 136 = +119{,}5$ | 81,0 |
| 50 | $311{,}5 - 2{,}3 - 136 = +173{,}2$ | 89,0 |
| 48 | $339{,}0 - 2{,}2 - 136 = +200{,}8$ | 92,8 |
| 45 | $385{,}0 - 2{,}0 - 136 = +247{,}0$ | 99,0 |
| 42 | $441{,}5 - 1{,}9 - 136 = +303{,}6$ | 106,0 |
| 40 | $487{,}0 - 1{,}8 - 136 = +349{,}0$ | 111,1 |

$$\underline{x = 0;} \qquad \underline{p_{max} = 0.}$$

$$t = -0{,}0452\ p - 140.$$

$$p = 2000\ \text{kg/qcm}; \qquad t = -230{,}4^0; \qquad f = 0;$$
$$p = 1000\ \ \text{„} \qquad\quad t = -185{,}5 \qquad\quad f = 0$$

Mit der soeben berechneten Kurventafel wurden folgende Aufgaben gelöst:

1. Gegeben die Spannweite $x = 100$ m. Es sollen für verschiedene Maximalbeanspruchungen die $Fu\ (t,\ p)$ und $Fu\ (t,\ f)$ zwischen $-20^0$ und $+40^0$ für Kupfer festgestellt werden, wenn die Normalien des V. D. E. zugrunde gelegt werden. Lösung s. Fig. 22.

Die dargestellten Kurven gelten auch für ein anderes $t_0$, wenn man nur die Bezeichnungen der Abszissen entsprechend ändert.

2. Es sollen für Kupfer bei der Maximalbeanspruchung $p_{max} = 16$ kg/qmm die $Fu\ (x,\ p)$ und $Fu\ (x,\ f)$, wie dies früher für $p_{max} = 12$ und $14$ kg/qmm gerechnet wurde, graphisch bestimmt werden.

Lösung: Unter Berücksichtigung, daß bei Spannweiten unter $x_p = 56{,}5$ m die Maximalbeanspruchung bei $-20^0$ und

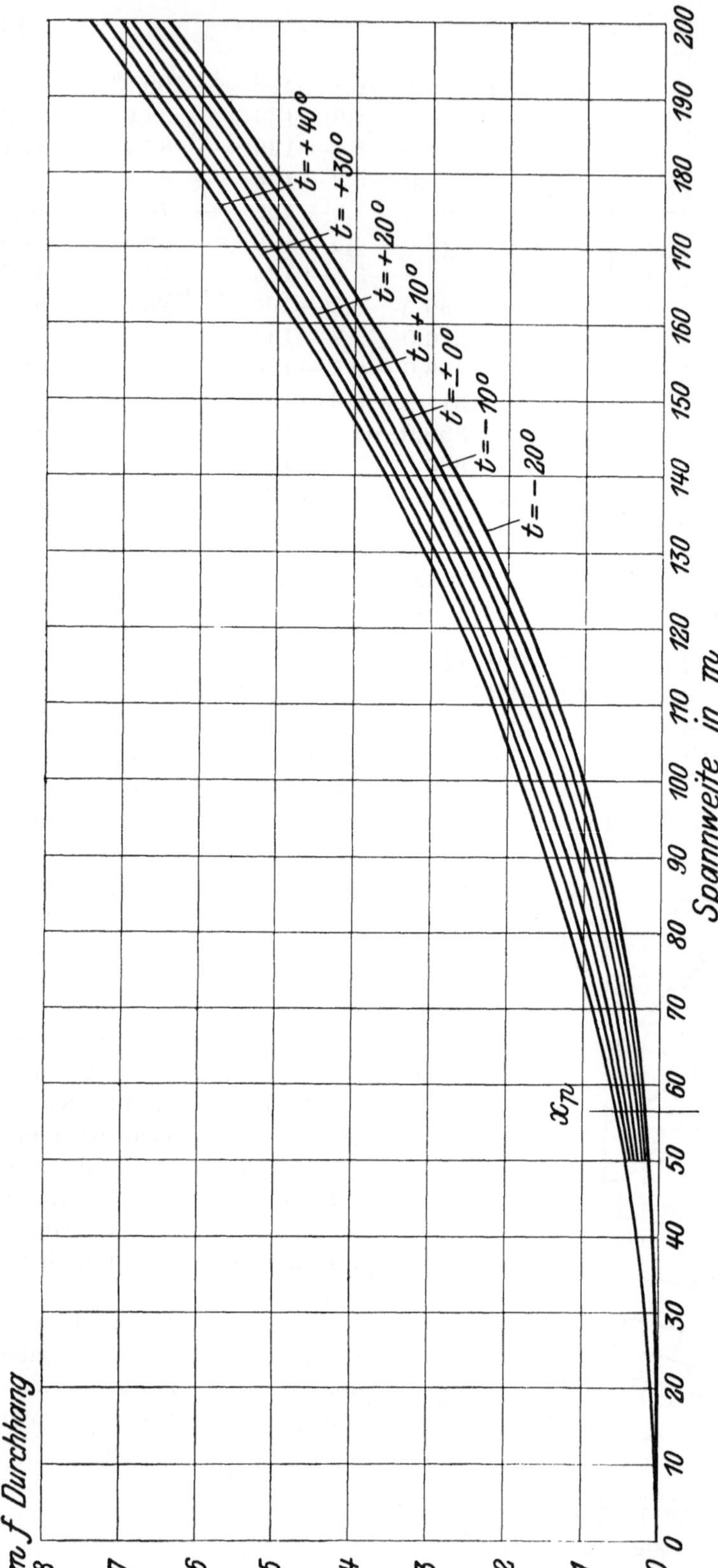


Fig. 23.

Beanspruchung und Durchhang eines Kupferdrahtes bei verschiedenen Temperaturen für alle Spannweiten bis 200 m. Maximalbeanspruchung im ungünstigsten Falle **16 kg/qmm.**

kg/qcm π Beanspruchung
1600
1500
1400
1300
1200
1100
1000
900
800
700
600
500
400
$t = -20°$
$t = -10°$
$t = +0°$
$t = +10°$
$t = +20°$
$t = +30°$
$t = +40°$
$x_{70}$
0 10 20 30 40 50 60 70 80 90 100 110 120 130 140 150 160 170 180 190 200
Spannweite in m

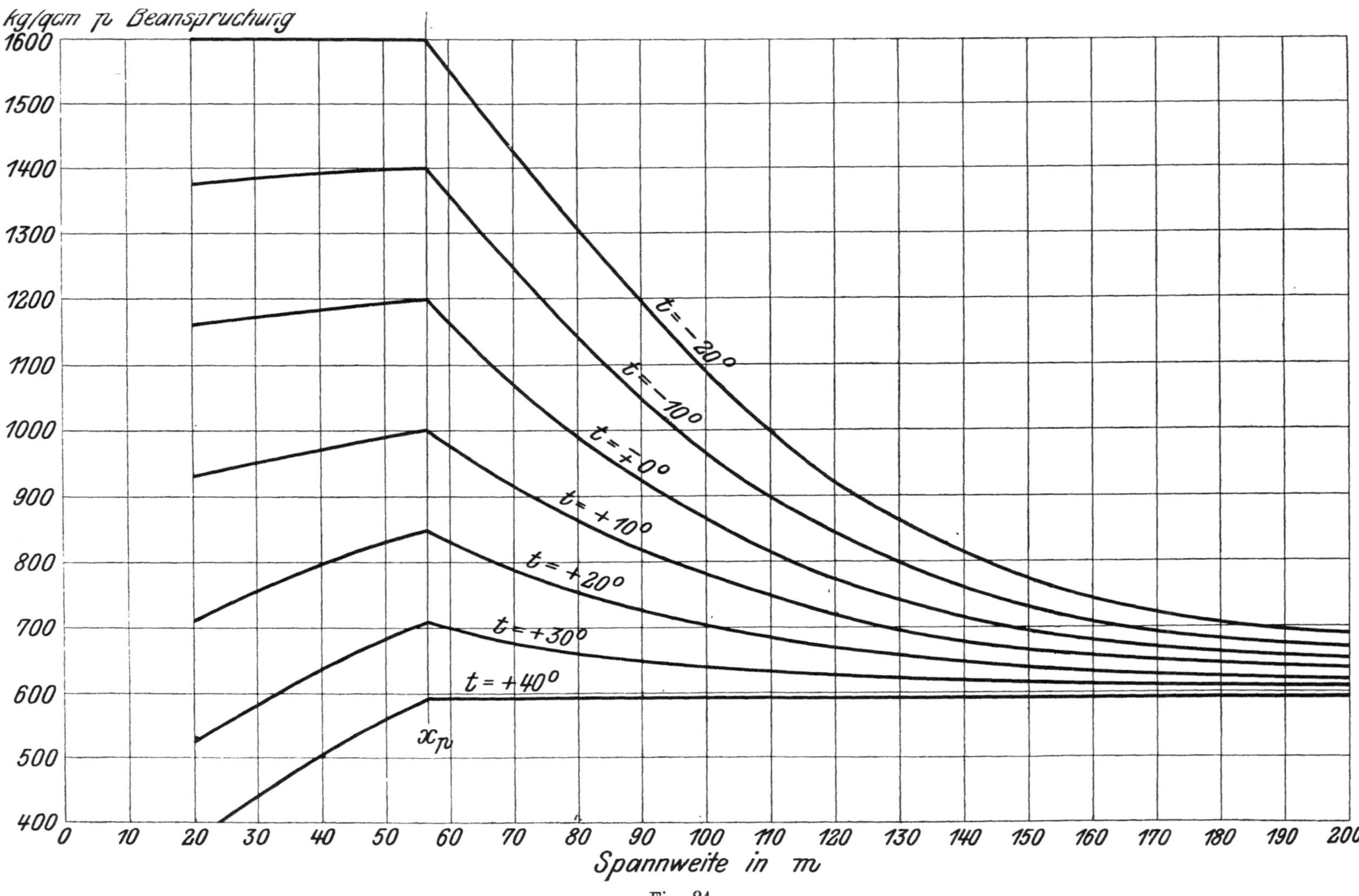

Fig. 24.

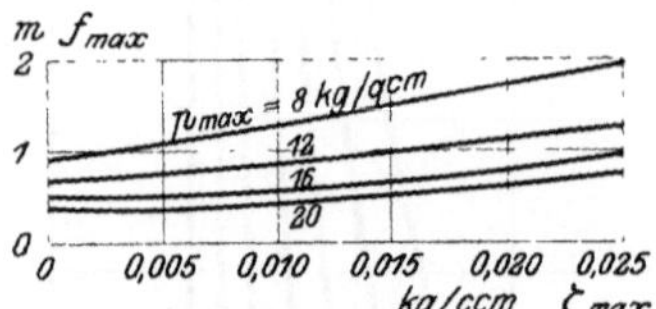


Fig. 25

Spannweite 60 m.

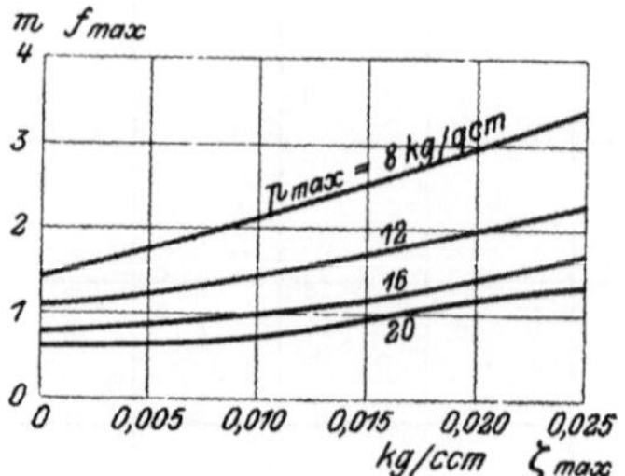


Fig. 26.

Spannweite 80 m.

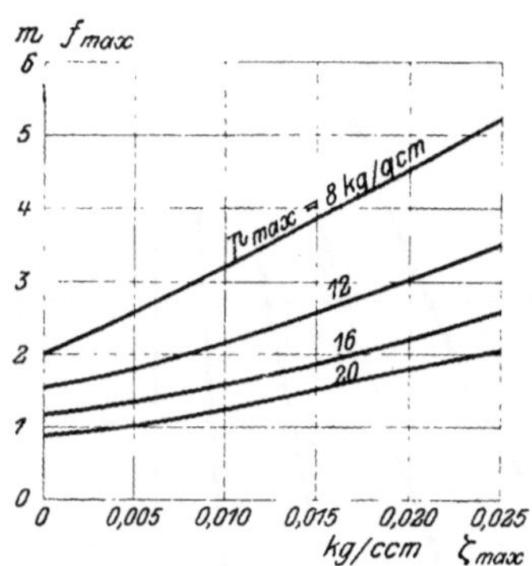


Fig. 27.

Spannweite 100 m.

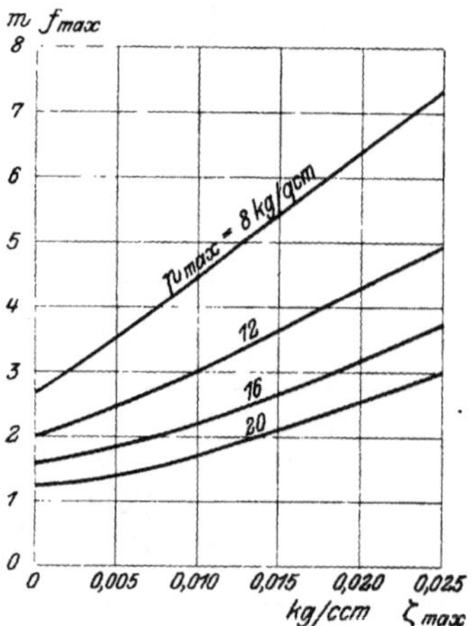


Fig. 28.

Spannweite 120 m.

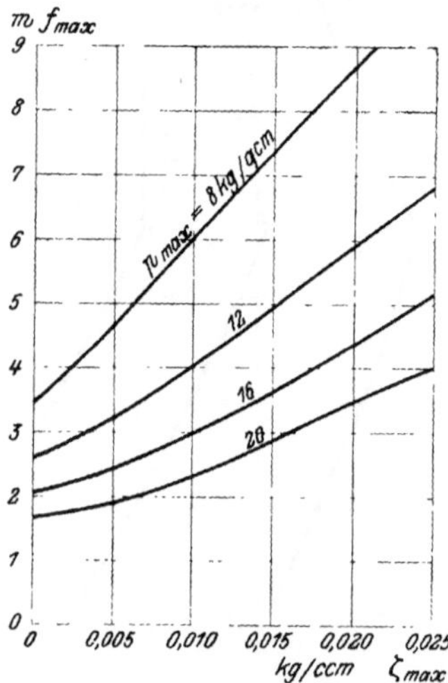


Fig. 29.

Spannweite 140 m.

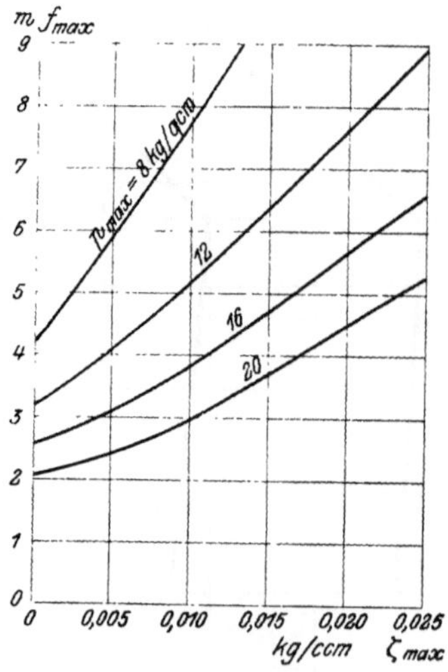


Fig. 30.

Spannweite 160 m.

Eigengewichtsbelastung auftritt, sonst bei — 5° mit Eislast, wurden
für die Spannweiten 0, 20, 40 m usw. bis 200 m die Werte für Beanspruchung und Durchhang für die Temperatur — 20°, — 10° usw.
bis + 40° abgelesen und in Funktion von $x$ aufgetragen (siehe
Fig. 23 und 24).

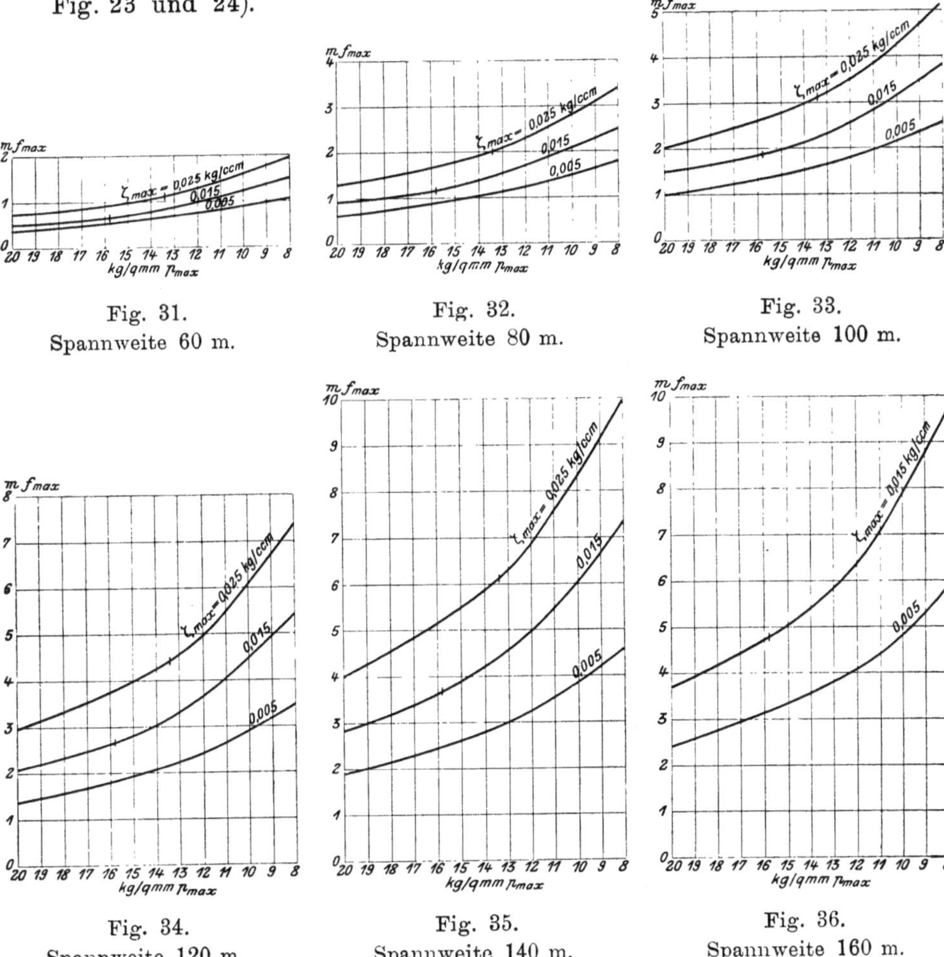

Fig. 31.      Fig. 32.      Fig. 33.

Spannweite 60 m.  Spannweite 80 m.  Spannweite 100 m.

Fig. 34.      Fig. 35.      Fig. 36.

Spannweite 120 m.  Spannweite 140 m.  Spannweite 160 m.

3. Es sollen für bestimmte Spannweiten die Änderung des maximalen Durchhangs eines Kupferdrahts mit der maximalen Zusatzlast,
die in jedem Falle bei — 5° auftreten soll, für einige Maximalbeanspruchungen dargestellt werden.

Lösung: Die gesuchten $Fu\ (\zeta_{max},\ f_{max})$ wurden in bekannter
Weise (unter Berücksichtigung, daß für Knotenpunkte jenseits der
Ordinate $t = + 40°$ der Maximaldurchhang der Beanspruchung $p_{konst}$

entspricht) nacheinander für ein $p_{max}$ bei konstanter Spannweite die Werte des Maximaldurchhangs für $\zeta_{max} = 0{,}005$, $0{,}010$, $0{,}015$ und $0{,}020$ kg/cm³ abgelesen und in Funktion dieser letzteren Größe in senkrechten Koordinaten aufgetragen (siehe Fig. 25 bis 30).

4. Gleichzeitig wurden die Kurven ($p_{max}$, $f_{max}$) für verschiedene $\zeta_{max}$ bei gegebener Spannweite aufgetragen (siehe Fig. 31 bis 36). Diese Kurven zeigen den Übergang des Auftretens des Maximaldurchhangs bei $+40°$ zu $-5°$ mit maximaler Zusatzbelastung bei der Maximalbeanspruchung $p'_{max}$.

Die Fig. 25 bis 30 bzw. 31 bis 36 ergänzen die Tafel I der Maximaldurchhänge für $\varrho_{max} = \delta + 0{,}015$ kg/cm³.

# X. Stützpunkte verschiedener Höhe.

Bevor wir in die rechnerische Verfolgung der Verhältnisse, wie sie sich bei der Befestigung einer Leitung auf zwei Stützpunkten verschiedener Höhe ergeben, eingehen, müssen wir zunächst auf einen Punkt von prinzipieller Bedeutung für die vorliegende Frage hinweisen. Man findet meist die Ansicht vertreten, daß eine Leitung auf Stützpunkten verschiedener Höhe stets eine Form, wie in nebenstehender Skizze (Fig. 37) dargestellt, annehmen müsse, daß sie also noch unter allen Umständen unter dem unteren Stützpunkt durchhängen würde.

Daß dies nicht immer der Fall ist, läßt sich am deutlichsten an einem Beispiel zeigen.

Es sei der Abstand $AB$ der Stützpunkte 125 m, ihr Höhenunterschied 25 m. Angenommen die Form des

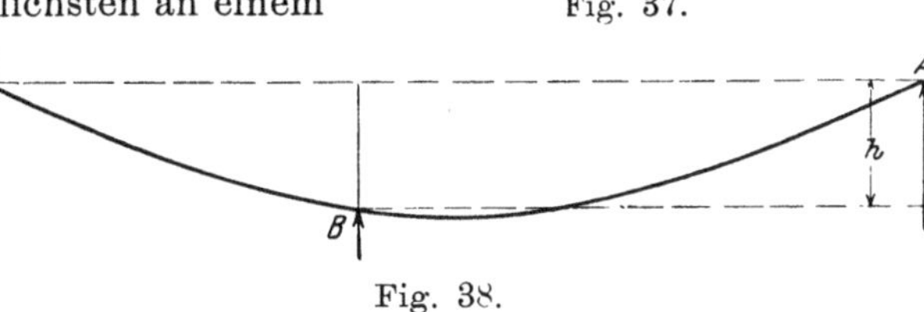

Fig. 37.

Fig. 38.

durchhängenden Drahts, wie sie Fig. 37 zeigt, sei der Wirklichkeit entsprechend. Verlängert man nun die Parabel über $B$ hinaus symmetrisch bis $C$, so kann man sich in $C$ einen Stützpunkt denken und den bei $B$ eliminieren, in der Form des Drahtes wird dadurch nichts geändert (Fig. 38). Beachtet man nun, daß $\overline{AC}$, wenn ein Teil des Drahtes noch unter $B$ liegen soll, noch nicht $2\,AB$, also 250 m sein kann, so erhielte man dabei einen Durchhang des Drahtes $ABC$ von mindestens 25 m. Wenn man einen Kupferdraht bei 250 m Spannweite z. B. mit 12 kg/qmm als Maximalbeanspruchung spannt, so erhält man etwa 15 m als maximalen Durchhang (s. Kurventafel I). Es erhellt also, daß die Annahme einer Form wie in Fig. 37 nicht mehr richtig ist, wenn die Stützpunkte einen größeren Höhenunterschied aufweisen; vielmehr wird man dann mit einer Form, wie in Fig. 39

skizziert, zu rechnen haben, wobei immer noch die Krümmung der Linie der Deutlichkeit halber übertrieben gezeichnet wurde.

Der Fall entsprechend Fig. 37 ist ebenfalls möglich. Er tritt bei geringeren Höhenunterschieden der Stützpunkte ein. Man hat folgendes einfaches Kriterium um festzustellen, ob bei einer gegebenen Höhenlage und Entfernung der Stützpunkte ein Stück des Drahtes im ungünstigsten Falle des größten Durchhangs noch unterhalb des unteren Stützpunktes zu liegen kommt oder nicht. Man bestimme aus der Kurventafel für die Maximaldurchhänge dasjenige $f_{max}$, das sich bei der gewählten Maximalbeanspruchung und der zweifachen der vorliegenden Spannweite ergeben würde. Ist nun der Höhenunterschied der Stützpunkte größer als dieser Maximaldurchhang $f_{max}$, so liegt kein Punkt des Drahtes, auch im ungünstigsten Falle, unterhalb des unteren Stützpunktes: die Linie des durchhängenden Drahtes hat keine horizontale Tangente. Ist hin-

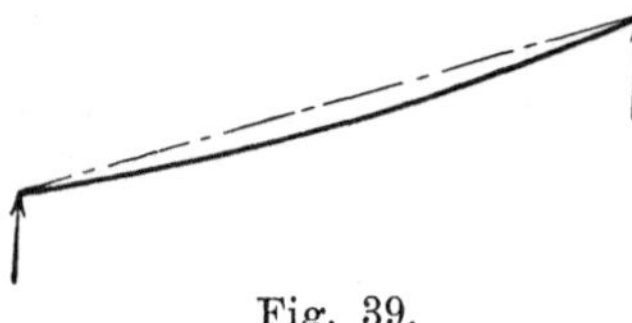

gegen der Höhenunterschied der Stützpunkte kleiner als dieses $f_{max}$, so hängt der Draht zum Teil unter dem unteren Stützpunkt durch; er hat also dann eine horizontale Tangente. Ist schließlich der Höhenunterschied der Stützpunkte gleich dem festgestellten $f_{max}$, so geht die horizontale Tangente durch den unteren Stützpunkt. Die Richtigkeit dieses Kriteriums ergibt sich einfach aus der Anschauung.

Fig. 39.

In der früheren Methode von Nicolaus findet sich diese Unterscheidung nicht. Sie befaßt sich lediglich mit dem Falle, wo der Draht noch unter dem unteren Stützpunkt durchhängt, und legt den Schwerpunkt der Rechnung auf die Bestimmung des Abstandes der horizontalen Tangente vom Stützpunkt. Diese Größe ist allenfalls für die Montage brauchbar; doch ist sie hierfür kaum erforderlich, da sie ja nur für geringe Höhenunterschiede der Stützpunkte in Betracht kommt, die dem Montageingenieur keinerlei Schwierigkeiten bereiten.

Auch für den Berechnungsingenieur ist sie nur ganz ausnahmsweise von Wert. Führt die Leitung über ebenes Gelände und sind nur die Maste in der Höhe voneinander verschieden, so wird aus dem Abstand der horizontalen Tangente vom Stützpunkte doch nicht auf die erforderliche Höhe der Maste geschlossen werden; diese wurde vielmehr schon durch den Durchhang in den Nachbarfeldern bedingt, wodurch eben der fragliche Höhenunterschied sich ergab. Ist das Gelände fortlaufend aufsteigend, so läßt sich dieser Abstand ohne weiteres gar nicht mit dem Abstand der Leitungen von der Erde in Verbindung bringen. Liegt schließlich eine Bodenvertiefung zwischen den beiden fraglichen Masten, so ist der Durchhang ohne Einfluß auf ihre Höhendimensionierung.

Um allen Fällen gerecht zu werden, wird man also nicht den Durchhang der Leitung unter einem der Stützpunkte als Grundlage für die Rechnung wählen, sondern in konsequenter Weise den Abstand der Verbindungslinie der Stützpunkte von der dazu parallelen Tangente an die Durchhangsparabel (s. Fig. 40). Diesen Abstand werden wir mit $f$ bezeichnen. Er gestattet in allen Fällen eine ähnliche Montage wie bei Stützpunkten gleicher Höhe, sofern sie nach dem Durchhang erfolgen soll. Die Analogie wird noch deutlicher, wenn man sich vorstellt, daß bei einem beliebigen Zustand des Drahtes einer der Stützpunkte auf einem Kreisbogen, der den anderen als Mittelpunkt hat, nach aufwärts bewegt wird. Die Spannweite $x$ bleibt hierbei dieselbe, der Durchhang geht in das oben angegebene $f$ über.

Es sei nochmals darauf hingewiesen, daß dieses $f$ für den Fall gleichmäßig aufsteigenden Geländes, wo eben die Verbindungslinie der Stützpunkte parallel zu der Erdoberfläche verläuft, gerade für die Dimensionierung der Maste von besonderem Interesse ist. Auch ist

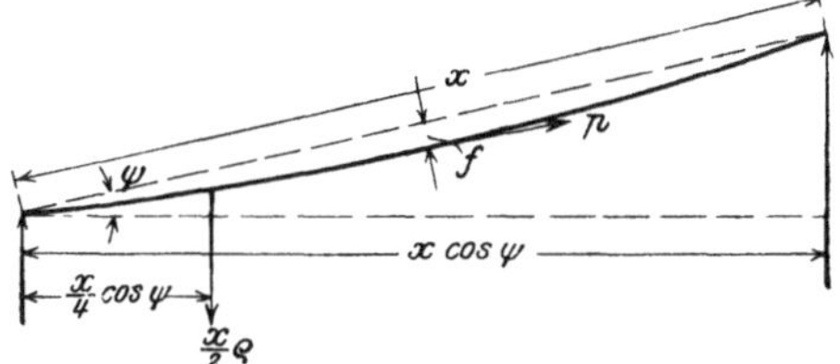
Fig. 40.

es dann, wenn die Leitungen überhaupt nicht unter dem unteren Stützpunkt durchhängen, also bei größeren Höhenunterschieden der Stützpunkte, nur mit dieser Größe $f$ möglich, die Leitungen nach dem Durchhang zu spannen.

Wir haben somit alle Aufgaben, die hier vorliegen, auf die eine zurückgeführt, die Gesetze der Änderung der eben definierten Größe $f$ und der Beanspruchung der Leitung mit der Temperatur und der Zusatzlast festzustellen.

Es sei der Winkel der Verbindungslinie der Stützpunkte mit der Horizontalen $\psi$.

Aus Fig. 40 erhalten wir ohne weiteres die Momentengleichung, die für 1 qcm der Leitung in jedem Belastungsfall und bei irgendeiner Temperatur gilt:

$$f = \frac{\varrho\, x^2 \cos \psi}{8 \cdot p} \quad . \quad . \quad . \quad . \quad . \quad . \quad (27)$$

worin wiederum $\varrho$ die Belastung pro lfd. cm, $p$ die Beanspruchung und $x$ der Abstand der Stützpunkte bedeutet. Hierbei ist in gleicher Annäherung, wie bei der Aufstellung der Momentengleichung im

Kap. II, die Bogenlänge in jedem Viertel der Spannweite gleich groß angenommen. Speziell ist:

$$f_0 = \frac{\varrho_0\, x^2 \cos \psi}{8 \cdot p_0}.$$

Als Beziehung zwischen Bogenlänge $l$ zwischen den zwei Stützpunkten und der Größe $f$ erhalten wir (s. Hütte, 19. A. I, S. 99), wenn wir wiederum die Durchhangslinie als Parabel annehmen:

$$l = x + \frac{8}{3} \cdot \frac{f^2}{x} \quad \ldots \ldots \ldots \quad (28)$$

Speziell ist:

$$l_0 = x + \frac{8}{3} \cdot \frac{f_0^2}{x};$$

wir hatten nun:

$$l - l_0 = (t - t_0)\, \vartheta\, l_0 + (p - p_0)\, \alpha l_0.$$

Formt man ähnlich wie in Kap. II diese Gleichung mit Hilfe der Gl. (27) und (28) um, so ergibt sich:

$$\frac{1}{24}\left(\frac{\varrho^2}{p^2} - \frac{\varrho_0^{\,2}}{p_0^{\,2}}\right) x^2 \cos^2 \psi = (t - t_0)\, \vartheta - (p_0 - p)\, \alpha \quad . \quad (29)$$

$$\frac{8}{3\,x^2} \cdot \left(f^2 - \frac{\varrho_0^{\,2}\, x^4 \cos^2 \psi}{8^2 p_0^{\,2}}\right) = (t - t_0)\, \vartheta - \left(p_0 - \frac{\varrho\, x^2 \cos \psi}{8\, p_0}\right) \alpha \quad (30)$$

Man ersieht hieraus, daß alle früher abgeleiteten Beziehungen auch für den vorliegenden Fall Gültigkeit haben, wenn man in ihnen an Stelle von $\varrho$: $\varrho \cos \psi$ und an Stelle von $\varrho_0$: $\varrho_0 \cos \psi$ setzt.

Will man jedoch bereits berechnete Werte für diesen Spezialfall verwenden, so kann es entsprechend Gl. (29) leicht dadurch geschehen, daß man eine Spannweite $x \cos \psi$ bei Stützpunkten gleicher Höhe der Berechnung von $p$ zugrunde legt. Jede dafür berechnete Beanspruchung gilt ohne weiteres für die Spannweite $x$ bei Stützpunkten verschiedener Höhe. Der Durchhang berechnet sich dann aus Gl. (27). Die Fig. 6, 8, 10 und 24 bilden auf diese Weise ein einfaches Mittel zur Bestimmung von $p$ und $f$ auch für den vorliegenden Spezialfall, und es erübrigt sich, die Rechnung entsprechend den aufgestellten Formeln mit $\varrho \cos \psi$ und $\varrho_0 \cos \psi$ an Stelle von $\varrho$ und $\varrho_0$ noch einmal durchzuführen.

Es ist nun zu bemerken, daß Höhenunterschiede der Stützpunkte von über $20:100$, wo also $\psi =$ ca. $11^\circ$, sehr selten sind. Hierfür ergibt sich $\cos \psi$ zu $0{,}98$. An Hand der obigen Figuren ersieht man aber, daß die Verminderung der Spannweite um $2\,^0/_0$ auf die Beanspruchung, besonders bei großen Spannweiten, praktisch ohne Bedeutung ist. Auch erkennt man leicht, daß mit $\cos \psi = 0{,}98$ der Durchhang entsprechend Gl. (27) kaum nennenswert geändert wird.

Man kann infolgedessen von einer Berücksichtigung des $\cos\psi$ in solchen Fällen absehen und das um so mehr, als beinahe immer der tatsächliche Durchhang [infolge eines größeren $p$ und des Faktors $\cos\psi$ in Gl. (27)] etwas kleiner wird als der in dieser Weise festgestellte. Wir rechnen dabei etwas zu ungünstig, so daß beim Montieren entsprechend den so festgestellten Durchhängen die betreffende Maximalbeanspruchung von dem zulässigen Wert um ein weniges zurückbleibt, was natürlich praktisch ohne jede Bedeutung ist.

Sehr oft läßt sich beim Trassieren der Strecke infolge Unebenheiten im Gelände oder besonderer Hindernisse die genaue Spannweite gar nicht feststellen; der Unterschied von $x$ zu $x\cos\psi$ tritt dagegen ganz zurück.

Es können demnach allgemeine Montagekurven ohne weiteres auch für Montage von Leitungen auf Stützpunkten verschiedener Höhe verwandt werden, wenn nur das $f$ als Abstand der Verbindungslinie der Stützpunkte von der parallelen Tangente an den durchhängenden Draht, der Visierlinie, definiert wird.

Dies gilt natürlich auch für die Montage in den beschriebenen Fällen, wo sich eine horizontale Tangente an die Durchhangslinie legen läßt; den Abstand dieser von einem der Stützpunkte zu bestimmen, ist, wie schon oben dargelegt, nicht erforderlich. Es kann immerhin vorkommen, daß auch in einem solchen Felde der Abstand der Leitungen von Erde interessiert. Es können z. B. bei einer Flußkreuzung, wo der Mindestabstand der Leitungen vom Wasserspiegel gegeben ist, die örtlichen Verhältnisse auf der einen Seite einen höheren Stützpunkt erfordern — vielleicht durch eine gleichzeitig zu kreuzende, hoch gelegene Straße — als auf der andern. Hier wird die Höhe der Maste nur durch das Kreuzungsfeld selbst bedingt. Eine genaue Bestimmung des Durchhangs unter dem unteren Stützpunkt kann dann bei großer Spannweite von Wert sein. Die Ableitung der hierzu erforderlichen Formeln ist übrigens so elementar, daß wir sie nicht übergehen möchten, um so mehr als die graphische Methode von Blondel-Nicolaus, die für einen solchen Fall anwendbar ist, sehr umständlich ist.

Es sei die Höhendifferenz der Stützpunkte $h$, $x$ die Spannweite ($\psi$ ist für den Fall, daß der Draht überhaupt unter dem untern Stützpunkt durchhängt, höchstens $2^{0}$, damit $\cos\psi = 0,999$.

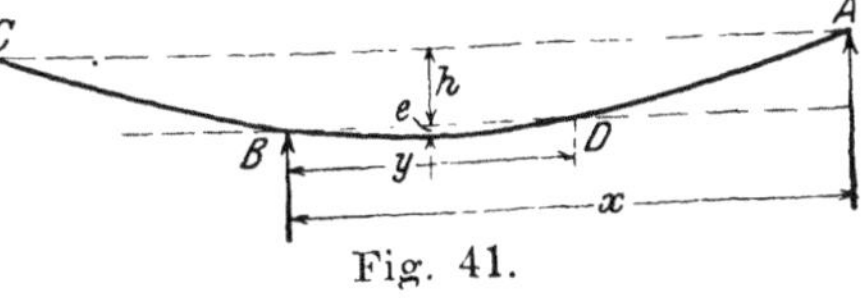

Fig. 41.

Die horizontale Entfernung der Stützpunkte ist deshalb gleich der Spannweite zu setzen), $e$ der gesuchte Durchhang unter dem unteren Stützpunkte (s. Fig. 41). Man ziehe durch die Stützpunkte $A$ und $B$

die Horizontalen, die die Durchhangsparabel in $C$ und $D$ treffen mögen. Wir bezeichnen $\overline{BD}$ mit $y$, dann wird

$$\overline{AC} = x + (x - y)$$
$$= 2x - y.$$

In irgendeinem Beanspruchungszustande $p$ kann nun der Draht sowohl an den Stützpunkten gleicher Höhe $A$ und $C$ als auch $B$ und $D$ befestigt angenommen werden. Für beide Fälle gilt die Momentengleichung, und wir erhalten:

$$e = \frac{\varrho y^2}{8 \cdot p},$$

$$e + h = \frac{\varrho (2x - y)^2}{8 \cdot p}.$$

Durch Elimination von $e$ kommt

$$y = x - \frac{2p \cdot h}{\varrho \cdot x} \quad \ldots \ldots \ldots \quad (31)$$

oder mit Gl. (27)

$$y = \frac{x}{f} \cdot \left( f - \frac{h}{4} \right) \quad \ldots \ldots \ldots \quad (32)$$

Durch Elimination von $y$:

$$e = \frac{\varrho}{8 \cdot p} \cdot \left( x - \frac{2p \cdot h}{\varrho \cdot x} \right)^2 \quad \ldots \ldots \quad (33)$$

oder

$$e = \frac{1}{f} \cdot \left( f - \frac{h}{4} \right)^2 \quad \ldots \ldots \ldots \quad (34)$$

Hiermit ist die Aufgabe gelöst. Es ist, um den maximalen Durchhang unter dem unteren Stützpunkt zu erhalten, nur nötig, in diese Formeln das nach irgendeiner Methode dafür festgestellte $p$ oder $f$ einzusetzen. Es erübrigt sich nach vorstehendem, Zustandsänderungen des Drahtes durch $e$ auszudrücken, es kann vielmehr höchstens für einen ganz bestimmten Fall die Kenntnis der Größe $e$ erwünscht sein.

Diesen Zweck erfüllt die Formel (34) vollständig. Soll z. B. ihr Maximalwert festgestellt werden, so ist nur nötig, den der gegebenen Spannweite entsprechende Maximaldurchhang aus Taf. I zu entnehmen und diesen Wert für $f$ in Gl. (34) einzusetzen.

Aus Gl. (32) ergibt sich als Bedingung für

$$y \gtrless 0 :$$

$$f \gtrless \frac{h}{4} \quad \ldots \ldots \ldots \ldots \quad (35)$$

Man ersieht leicht aus Fig. 41, daß nur bei positivem $y$ die Leitung unter dem unteren Stützpunkte durchhängt, bei $y = 0$ jedoch die horizontale Tangente eben durch den unteren Stützpunkt hindurchgeht und schließlich bei negativem $y$ eine horizontale Tangente an die Leitung zwischen den Stützpunkten überhaupt nicht mehr gelegt werden kann. Der Änderung dieser Größe $y$ fällt infolgedessen eine besondere Bedeutung zu, und das oben aufgestellte Kriterium für das Vorhandensein einer horizontalen Tangente an die Durchgangslinie ist damit in Gl. (35) auch rechnerisch festgelegt. Die neue Form für dasselbe dürfte sich auch meist als zweckmäßiger erweisen, da nur der Durchhang $f$ bei der tatsächlichen Spannweite $x$ anstatt bei der doppelten dafür bekannt sein muß.

Von theoretischem Interesse sind folgende Beziehungen für die Änderung von $p$ oder $\varrho$, die sich mit Gl. (31) ableiten lassen:

$$y - y_0 = \frac{2h}{\varrho \cdot x}(p_0 - p),$$

$$y - y_0 = \frac{2h}{x}\left(\frac{p_0}{\varrho_0} - \frac{p}{\varrho}\right).$$

# XI. Leitungen an beweglichen Stützpunkten.

Jeder einseitige Zug der Leitungen an Leitungsmasten bewirkt eine Durchbiegung derselben, die in praxi 10 cm und mehr erreichen kann. Da die geringste Längenänderung des Drahtes, wie wir früher sahen, von größtem Einfluß auf seine Beanspruchung und seinen Durchhang ist, so ist in manchen Fällen auf diese Bewegung der Stützpunkte bei größer werdendem Zug zu achten.

Es ist zu bemerken, daß die folgenden Angaben über die Berücksichtigung dieses Umstandes bereits bekannt sind; sie mußten jedoch hier angeführt werden, um die Bedeutung der sich daran anschließenden Bemerkungen über die Montage bei beweglichen Stützpunkten erkennen zu lassen.

Es sei wiederum eine Spannweite $x$ zwischen den zunächst fest gedachten Stützpunkten gegeben; die sich bei einer bestimmten Temperatur und bei irgendwelchen von vornherein festgelegten Voraussetzungen einstellende Beanspruchung sei $p_0$, der Durchhang $f_0$. Die Stützpunkte seien nun beweglich, und zwar soll angenommen werden, daß sich alle zwei zusammen so bewegen, daß ihr Abstand $x - \lambda$ wird, was einer Durchbiegung der Maste nach innen entsprechen soll. Dadurch wird die Beanspruchung sinken, der Durchhang wird größer, aber andererseits auch die Dehnung des Drahtes geringer. Es soll nun festgestellt werden, welche Werte die Beanspruchung $p$ und der Durchhang $f$ infolge der Bewegung $- \lambda$ annehmen werden, wenn die Temperatur konstant bleibt.

Statt die Bewegung der Stützpunkte ins Auge zu fassen, können wir uns den Vorgang auch so vorstellen, daß bei festliegenden Stützpunkten der Draht um die Strecke $\lambda$ durch den Befestigungspunkt hindurchgleitet, oder mit anderen Worten, man lasse die Stützpunkte als ideelle feste Punkte bestehen und ändere nur die Länge der Leitung, die zwischen ihnen liegt. Diese Länge möge sich infolge der Durchbiegung von $l_0$ nach $l$ ändern. Wir erhalten dann ohne weiteres:

$$l - l_0 = \lambda + (p - p_0)\,\alpha l_0$$

und mit Benutzung der Gl. (a) und (c) in ähnlicher Weise wie früher:

$$\frac{8}{3\,x}\,(f^2 - f_0{}^2) = \lambda + (p - p_0)\,a \cdot x \quad . \quad . \quad . \quad . \quad (36)$$

$$\frac{\varrho^2}{24}\left(\frac{1}{p^2} - \frac{1}{p_0{}^2}\right)x^3 = \lambda + (p - p_0)\,a \cdot x \quad . \quad . \quad . \quad (37)$$

$$\frac{8}{3\,x}\cdot(f^2 - f_0{}^2) = \lambda + \frac{\varrho\,x^2}{8}\left(\frac{1}{f} - \frac{1}{f_0}\right)a \cdot x \quad . \quad . \quad (38)$$

Der Einfluß der geänderten Dehnung ist in der Regel gegenüber dem der Durchbiegung so geringfügig, daß er vernachlässigt werden kann; es würden dafür alle Glieder in obigen Gleichungen, die $\alpha$ enthalten, wegfallen.

Zur Erläuterung der hier vorliegenden Verhältnisse soll ein Beispiel durchgerechnet werden. Wir wählen hierzu das Feld einer „bruchsicheren Aufhängung"[1]), die neuerdings für die Kreuzungen von Reichspostleitungen und Eisenbahnen an Stelle von Schutznetzen Verwendung findet. Die Kupferleitungen, die hierbei beiderseits an 3 Isolatoren befestigt werden, sind im Kreuzungsfeld mit 10facher Sicherheit zu spannen, d. h. sie dürfen die Beanspruchung von 4 kg/qmm nicht übersteigen. Da in den Nachbarfeldern in der Regel mit 12, oft mit 16 kg/qmm gespannt wird, so ist hierdurch der Fall eines einseitig an Masten wirkenden Zuges gegeben.

Die Spannweite im Kreuzungsfeld sei 20,0 m. Wir betrachten zunächst den Fall der größten Beanspruchung, d. i. entsprechend den Vorschriften des V. D. E. die Eisbelastung 0,015 kg pro cm$^3$ bei der Temperatur $-5^0$ und nehmen an, daß in zweckmäßiger Weise — um die kleinsten Durchhänge zu erhalten — die Leitungen durchweg so gespannt wurden, daß sie in diesem besonderen Falle gerade ihre maximal zulässige Beanspruchung erreichen. Es sind also die Leitungen im Kreuzungsfeld mit 400 kg/qcm, die in den Nachbarfeldern gleichzeitig beispielsweise mit 1400 kg/qcm beansprucht. Es ergibt sich hiermit ein resultierender Zug an beiden Masten nach außen von maximal 1000 kg pro qcm, welche Belastung mit Berücksichtigung des Gesamtquerschnitts der Leitungen eine bestimmte Durchbiegung der Maste hervorruft. Genaue Angaben über diese Durchbiegung können nicht gemacht werden. Man nimmt für die Rechnung im allgemeinen an, daß sie pro Mast bei der größten Beanspruchung derselben maximal 10 cm betrage, welcher Wert bei der mittleren Höhe der Maste von 10 m einer Durchbiegung von 1 $^0/_0$ entspricht. In Anbetracht dessen, daß die

---

1) S. ETZ 1909, S. 903.

Maste mit fünffacher Sicherheit berechnet sind, geht man bei dieser Annahme sicher nicht zu günstig.

Der bei der erwähnten Maximalbelastung im Kreuzungsfeld mit der Spannweite $x = 2000$ cm auftretende Durchhang $f_0$, der als Ausgangspunkt unserer Betrachtungen zu gelten hat, berechnet sich nach Gl. (a) zu 30 cm.

Um nun den für die Bemessung der Maste wichtigen größten Durchhang zu erhalten, wird als ungünstigster Fall angenommen, daß alle Leitungen in den Nachbarfeldern reißen und außerdem die Leitungen durch Bruch zweier Isolatoren der Aufhängung um maximal 15 cm verlängert würden, wodurch sich eine Gesamtverlängerung der Leitung von $\lambda = 35$ cm ergibt.

Mit Vernachlässigung des Gliedes mit $\alpha$ kann man Gl. (36) auch schreiben:

$$f^2 = \tfrac{3}{8} x \lambda + f_0^2 \quad . \quad . \quad . \quad . \quad . \quad . \quad (39)$$

Mit Einsetzung der numerischen Werte berechnet sich daraus:

$$f^2 = \tfrac{3}{8} \cdot 2000 \cdot 35 + 30^2,$$

$$f = 165 \text{ cm}.$$

Hierbei ist von einer Durchbiegung der Maste nach innen abzusehen, da die Beanspruchung des Drahtes auch bei seiner maximalen Belastung nur

$$\frac{0{,}0239 \cdot 2000^2}{8 \cdot 165} = 73 \text{ kg/qcm}$$

beträgt. Wie bereits erwähnt, blieb auch der Einfluß der geringeren Dehnung des Drahtes infolge Verminderung der Beanspruchung von 400 auf 74 kg/qcm (wodurch der Durchhang etwas kleiner würde), unberücksichtigt. Bedenkt man jedoch, daß die Änderung der Länge des Drahtes durch diesen Umstand nur

$$l - l_0 = (400 - 73)\,\frac{2000}{1{,}3 \cdot 10^6} = 0{,}5 \text{ cm}$$

beträgt, so ersieht man, daß derselbe neben den geschätzten und reichlich angenommenen Werten von 20 cm + 15 cm, die wir oben hatten, nur eine untergeordnete Rolle spielt.

Infolge der Durchbiegung der Maste stößt nun die Montage der Leitungen in einem Kreuzungsfeld mit bruchsicherer Aufhängung für den Fall, daß die Leitungen in den Nachbarfeldern bereits abgespannt sind, auf gewisse Schwierigkeiten, denen bisher nicht begegnet wurde.

Um die für die Montage nötigen Unterlagen zu erhalten, ist zunächst zu berücksichtigen, daß dabei die Verlängerung von 15 cm durch den Bruch zweier Isolatoren wegfällt; ferner ist daran zu erinnern, daß die Montage bei einer Temperatur von etwa $+10$ bis $+25^0$ und ohne Vorhandensein einer Zusatzlast vorgenommen wird. Wird von der ersteren abgesehen, so ergibt die Rechnung, ähnlich wie oben ausgeführt, diesmal als Durchhang bei $-5^0$ und Eisbelastung 127 cm, dem eine Beanspruchung von 95 kg pro qcm entspricht.

Es tritt nun für die Montage als erschwerendes Moment hinzu, daß infolge Durchbiegung der Maste der Durchhang und die Beanspruchung der Leitungen im Kreuzungsfeld von der Änderung dieser Größen im Nachbarfeld mit in erster Linie bestimmt werden. Die Beanspruchung der Leitungen in den Nachbarfeldern wird nämlich in viel größerem Maße als im Kreuzungsfeld selbst durch die Temperatur und die zusätzliche Belastung beeinflußt. Sind die Leitungen dort so gespannt, daß sie im Maximum mit 1400 kg pro qcm beansprucht werden, so haben wir bei den für die Montage in Betracht kommenden Temperaturen immer noch Beanspruchungen von etwa 500 bis 700 kg, denen auf der anderen Seite der Maste Beanspruchungen von 100 bis 150 kg gegenüberstehen. Der Wert des Durchhanges, der sich zwischen den Grenzen 30 und 127 cm bewegt, läßt sich aber in keiner Weise feststellen, weil für die Größe der Durchbiegung der Maste jeder Anhaltspunkt fehlt. Die genaue Einhaltung der der Behörde vorgelegten Angaben über Maximalbeanspruchung und Maximaldurchhang ist aber andererseits eine der ersten Forderungen. Müßte eingeräumt werden, daß die Montage der bruchsicheren Aufhängung entsprechend den gemachten Angaben praktisch nicht die Genauigkeit erreichen kann, die man bei einer Kreuzungsstelle verlangen wird, so würde dadurch der Wert der bruchsicheren Aufhängung sehr herabgesetzt werden.

Einer Montage mit Dynamometer oder durch Einvisieren des Durchhanges können nur Schätzungswerte für die Beanspruchungen und Durchhänge zugrunde liegen. Man wird deshalb ein solches Spannen der Leitungen nach Zug oder nach Durchhang nicht befürworten können. Es liegt vielmehr bei Verfolg obiger Rechnungen der Gedanke nahe, ihre Montage auf Grund ihrer Länge zwischen den zwei Stützpunkten auszuführen. Dies setzt nur die Kenntnis der genauen Entfernung der Maste voraus, die sich bei den geringen Mastabständen bei Kreuzungen mit ziemlicher Genauigkeit feststellen läßt. Hat man dann auf den zu montierenden Draht vor dem Spannen die zwei Punkte genau festgelegt, die in der Mitte des Isolators zu befestigen sind, so ist die Montage von der Durchbiegung der Maste vollständig unabhängig, selbst insoweit, als die durch das Montieren entstehende Spannung im Draht und

die dadurch hervorgerufene Verlängerung desselben, deren Größe
wir eben nicht feststellen konnten, ohne jeden Einfluß bleibt, weil
diese Verlängerung nur sekundär beim Montieren auftritt und natürlich die Lage der Fixpunkte des Drahtes unberührt läßt. Die
Länge des Drahtes vor der Montage zwischen diesen Fixpunkten
läßt sich unter Berücksichtigung der herrschenden Temperatur und
des Fehlens jeder Belastung ganz genau feststellen, was wir unten
noch des näheren ausführen werden.

Was die Genauigkeit anbetrifft, mit der ein Draht am Isolator
nach einer an demselben angebrachten Marke montiert werden
kann, so ist zu bemerken, daß in Anbetracht der geringen hierbei
vorkommenden Züge nur eine verhältnismäßig geringe Toleranz
nötig werden dürfte. Nehmen wir eine solche von $\pm 1{,}0$ cm, für
beide Seiten des Feldes zusammen, an, und werden die Leitungen
dementsprechend mit einer um 1 cm größeren als der rechnerisch festgelegten Leitungslänge montiert, so entspricht die Montage auch
im ungünstigsten Falle sicher dem vorgeschriebenen Werte für die
maximale Beanspruchung.

Was den Einfluß dieser Toleranz auf den maximalen Durchhang anbetrifft, so ist zu bemerken, daß die hieraus im ungünstigsten
Falle entstehende Verlängerung des Drahtes um 2 cm in den Zu-
schlag von 15 cm für den Fall des Bruches zweier Isolatoren ein-
begriffen werden können, wobei der maximale Durchhang, der für
die Bemessung der Maste wichtig und in den Konzessionsgesuchen
anzuführen ist, unberührt bliebe. Soll an dem Werte von 15 cm
für Isolatorbruch festgehalten werden, so hätte man zur Berücksichtigung desselben und der Toleranz bei der Montage zusammen
17 cm zu der berechneten Drahtlänge hinzuzufügen, um daraus den
zu erwartenden Maximaldurchhang zu erhalten. In der Regel liegen
jedoch die Verhältnisse so, daß die Höhen der Maste durch Grup-
pierung zu einzelnen Typen a priori gegeben sind, indem man
nämlich die für den errechneten Maximaldurchhang nächst höhere,
passende Type von Masten wählt. Die zur Verfügung stehende
überschüssige Höhe wird man nun ebenfalls ausnutzen können,
indem man sie als für den Grad der Genauigkeit, mit der die
Montage auszuführen ist, als maßgebend annimmt. Mit anderen
Worten, man wird beim Spannen der Leitung eine Länge zugrunde
legen, die genau in der Mitte der errechneten und derjenigen liegt,
die durch die Höhe der Maste als maximal zulässig gegeben ist.

Im allgemeinen wird man aber mit der Toleranz nicht über
das für bequeme Montage erforderliche Maß hinausgehen, um einerseits nicht unnötig große Durchhänge zu erhalten. Andererseits
liegt die größere Wahrscheinlichkeit in einer Montage mit zu großer

Länge als umgekehrt. Man wird also schon deshalb die Toleranz etwas unter die Mitte herabsetzen.

Es ist nun noch die Länge der Leitung, die auf ihr vor der Montage zu markieren ist, genau zu definieren. Ist $x$ der Mastabstand in cm, $\lambda$ der maximale Ausschlag der Stützpunkte, d. h. $\lambda = 20$ cm, $l$ die Drahtlänge bei einer Gesamtbelastung von $0{,}0239$ kg/cm$^3$, die gleichzeitig mit der Maximalbeanspruchung $p_{max} = 400$ kg/qmm bei $t_0 = -5^0$ C eintreten möge, $l_0$ die gesuchte Länge des Drahtes im unbelasteten Zustande bei einer Temperatur $t$, so haben wir folgende Beziehungen:

$$l_0 - l = (t - t_0)\,\vartheta\, x - 400\,\alpha\, x\,,$$

$$l - x = \frac{8}{3} \cdot \frac{f_0^{\,2}}{x} + \lambda\,,$$

daraus findet man:

$$l_0 - x = \frac{8}{3}\frac{f_0^{\,2}}{x} + (t - t_0)\,\vartheta\, x - 400\,\alpha\, x + \lambda \quad . \quad . \quad . \quad (40)$$

als $Fu\,(l_0 - x, x)$, wo $f_0 = \dfrac{0{,}0239 \cdot x^2}{8 \cdot 400}$.

Wird diese Funktion unter Zugrundelegung bestimmter Temperaturen, z. B. 10, 15, 20 und 25$^0$ aufgezeichnet, so kann daraus für jeden Maßstabstand $x$ ohne weiteres das zugehörige Stück $l_0 - x$, um das der Draht länger sein muß, abgelesen werden (s. Fig. 42). Man wird wohl am besten zunächst die Strecke $x$ durch Anlegen an die Maste auf den Draht auftragen, dann die Größe $l_0 - x$ hinzufügen.

Hiermit sind Unterlagen für die Montage irgendeiner bruchsicheren Aufhängung gegeben.

In die berechnete Kurventafel $(l_0 - x, x)$ wurde noch die $Fu\,(l - x, x)$ eingezeichnet (strichpunktiert).

Dieselbe läßt 1. erkennen, welchen Anteil an der Verlängerung des Drahtes auf den Einfluß der Temperatur und die Dehnung zusammen entfällt. Man ersieht aus der Fig. 42, daß dieser Einfluß nur gering ist. 2. Wird $(t - t_0)\,\vartheta = 400\,\alpha$ gesetzt, so erhält man hierfür die Temperatur $t' = +13^0$, wobei also bei allen Spannweiten der Einfluß der Dehnung auf die Länge des Drahtes genau gleich dem der Wärme wird und sich beide eliminieren. Man hat demnach in dieser Kurve die für die Montage erforderliche Länge für diese Temperatur $+13^0$ gegeben. 3. Läßt sich aus ihr der Wert

$$\frac{8}{3}\frac{f_0^{\,2}}{x} + \lambda\,,$$

der in den Berechnungen für die Höhenbestimmung der Maste immer wiederkehrt, direkt ablesen.

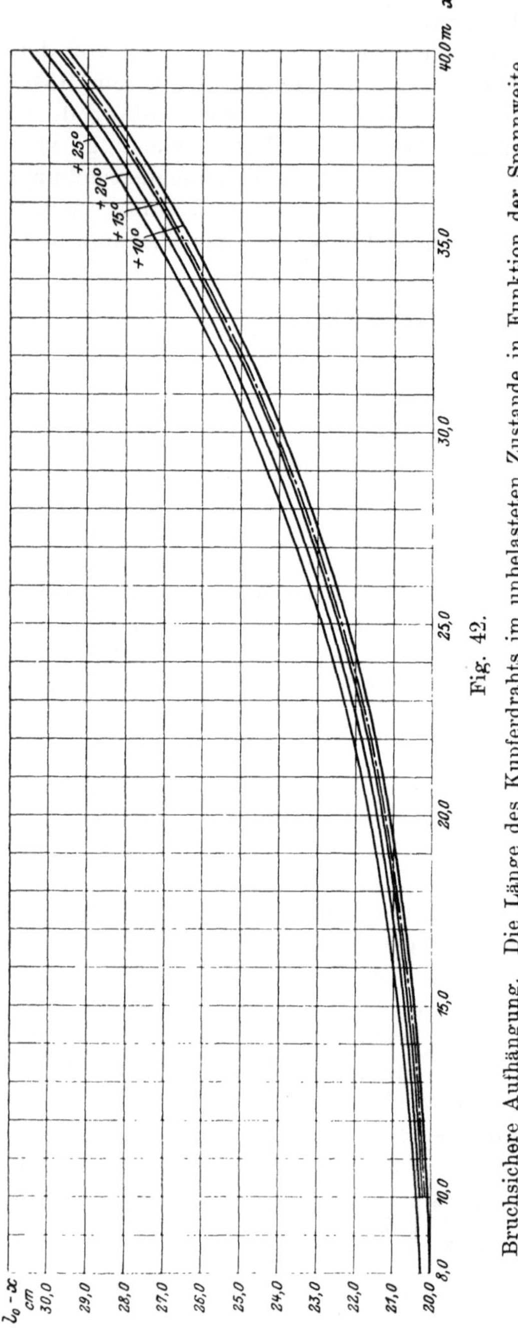


Fig. 42.

Bruchsichere Aufhängung. Die Länge des Kupferdrahts im unbelasteten Zustande in Funktion der Spannweite.

Die eben dargelegte Methode der Montage nach Länge kann für diesen Spezialfall allgemein Verwendung finden. Man kann immerhin dagegen geltend machen, daß das genaue Abmessen der gegebenen Länge auf dem Draht nicht immer leicht ist; außerdem können sich Fehler in der Montage dadurch ergeben, daß die Maste nicht ganz gerade stehen, wodurch auch ohne die angenommene Durchbiegung die Entfernung am Kopfende von der an der Erdoberfläche verschieden ist.

Es seien noch einige andere Methoden erwähnt, mit denen sich die Schwierigkeiten bei der Montage der bruchsicheren Leitungen überwinden lassen, die sich dann ergeben, wenn die Leitungen in den Nachbarfeldern vor denen im Kreuzungsfeld montiert werden müssen.

Man bestimme die Entfernung der Mastenden, bevor die Leitungen der Nachbarfelder angebracht werden, und stelle diese Entfernung nachher mit Hilfe eines Stahlseils und Spannschlosses wieder her, wodurch also die Durchbiegung wieder eliminiert wird. Dies ist um so leichter auszuführen, als es dabei nicht auf die absolute Länge ankommt; es kann u. a. dadurch geschehen, daß man die Schnur eines Senkbleies an den einem Mastende befestigt und mittels einer Rolle über die Traversen des anderen Mastes führt. Die Höhe des Lotgewichtes läßt bei gleicher Länge der Schnur einen Schluß auf die Entfernung der Stützpunkte zu. Ein anderes Mittel ergibt sich dadurch, daß man einen beliebigen Draht im unbeanspruchten Zustande der Maste zwischen denselben spannt und die Größe seines Durchhanges an den Masten markiert. Werden dann ebenfalls mit Hilfe eines Stahlseils die Maste für die Montage der Leitungen im Kreuzungsfelde so zusammengezogen, daß sich derselbe Durchhang dieses Hilfsdrahtes wieder einstellt, so kann man wieder die Maste als gerade betrachten.

Schließlich läßt sich die Aufgabe dadurch lösen, daß man einen Kupferdraht, solange die Maste nicht nach außen durchgebogen sind, durch provisorisches Befestigen an den Traversen genau mit dem Durchhang montiert, den auch die Leitungen an den Isolatoren erhalten würden. Sind dann die Maste nach außen durchgebogen, so lassen sich die Leitungen dadurch richtig montieren, daß ihr Durchhang genau gleich dem des provisorischen Drahtes genommen wird.

Ein weiterer Fall, wo die Bewegung der Stützpunkte eine wichtige Rolle spielt, liegt bekanntermaßen bei den Masten in Winkelpunkten der Strecke vor. Nimmt nämlich der resultierende Zug der Leitungen an einem Eckmast seinen größten Wert an, so wird infolge der Durchbiegung des Mastes der maximale Zug, der entsprechend den vorgesehenen Durchhängen zu erwarten wäre, nicht ganz erreicht. Es ist deshalb zulässig, die Leitungen für eine etwas größere Maximalbeanspruchung zu spannen, als die, die durch die Normalien des V.D.E. vorgeschrieben und für die die Eckmaste berechnet sind. Man pflegt jedoch in Praxis hiervon keinen Gebrauch zu machen.

# XII. Vergleich zwischen der rechnerischen und zeichnerischen Methode.

## Modifikation der Methode Blondel-Nicolaus.

Im vorstehenden wurden zur Bestimmung von Beanspruchung und Durchhang von Freileitungen eine rechnerische und zeichnerische Methode dargelegt und ihre Verwendungsweise an einigen Beispielen gezeigt. Welcher von diesen zwei Methoden im einzelnen Falle der Vorzug zu geben ist, läßt sich unschwer sagen. Wenn wir auch mit Hilfe der rechnerischen Behandlung die ganzen Verhältnisse erst klarstellen konnten, so hat sich andererseits ergeben, daß die graphische Methode bedeutend schneller zum Ziele führt. Allerdings ist für die Verwendung der letzteren Bedingung, daß die dazu notwendigen Hilfsmittel vorhanden sind. Die oben angegebenen Formeln werden also dann, wenn man sich nicht im Besitze dieser Unterlagen befindet, gute Dienste leisten können.

Wenn noch ein Vergleich zwischen der graphischen Methode von Blondel-Nicolaus mit der oben dargelegten angestellt werden soll[1]), so wäre zu bemerken, daß die letztere den Vorzug hat, daß sie tatsächliche Zustandsänderungen darstellt, d. h. daß ihre Kurven die effektiven Funktionen der zu bestimmenden Größen sind, während die Kurven der ersteren nur Hilfslinien sind, aus denen die zu ermittelnden Größen erst konstruiert werden müssen.

Die Nachteile der dabei erforderlichen Interpolationen sind bekannt: das Rechnen wird dadurch zeitraubend, ermüdend, ungenau und das um so mehr, als die Zwischenwerte nicht linear aufeinanderfolgen und sich infolgedessen nur schwer interpolieren lassen. Man findet auch, wenn man nach dieser Methode berechnete Tabellen von Beanspruchung und Durchhang entsprechend Gleichung (a) nachprüft, daß, obwohl die Kurven nach dieser Formel berechnet wurden, trotzdem große Abweichungen in den zugehörigen interpolierten Werten festgestellt werden können.

---

[1]) Es erübrigt sich, auch ältere Methoden zum Vergleich heranzuziehen, weil diese zugunsten der Blondel-Nicolaus'schen verlassen wurden.

Dies gilt in gleichem Maße für Rechnungen, bei denen eine Zusatzlast nicht vorkommt, als auch für die wichtigeren, wo eine solche Berücksichtigung finden muß. Betreffs diesen letzteren ergibt sich noch ein weiterer Nachteil der Methode von Blondel-Nicolaus gegenüber der hier entwickelten, wenn sie nicht in der unten angegebenen Weise modifiziert wird.

Bekanntlich erhöht Nicolaus zur Festsetzung der hierbei vorkommenden Verhältnisse die Spannweite an Stelle der Belastung, um die gleichen Kurventafeln beibehalten zu können. Daraus ergibt sich aber, daß die Kurventafeln sehr umfangreich sein müssen, wenn man bedenkt, daß sie für die den Normalien des V.D.E. entsprechenden Zusatzlast das 2,67fache bei Kupfer, das 6,45fache sogar bei Aluminium der wirklichen Spannweiten aufweisen müssen. Es sind also für eine Spannweite von 200 m bei Aluminium Tabellen bis nahezu 1300 m zu berechnen.

Bei der hier angegebenen Methode sind nur die Kurven zu den wirklich vorkommenden Spannweiten zu zeichnen. Das Verbindungsglied zwischen den Verhältnissen mit und ohne Zusatzlast stellt das Knotenpunktdiagramm dar, das überdies über das Auftreten des Maximaldurchhangs für jede Voraussetzung ohne weiteres Aufschluß gibt. Gegenüber dem Verfahren von Blondel-Nicolaus erfährt jedoch dieses die Einschränkung, daß es nur für einzelne Spannweiten, die etwa 20 oder 10 m voneinander liegen, anwendbar ist. Doch gibt die Kurventafel, ähnlich wie eine Tabelle, auch für zwischenliegende Werte schätzungsweise die für praktische Verhältnisse erforderliche Auskunft. Auch ihre genauere Bestimmung ist möglich, indem entsprechend Fig. 23 und 24 der interessierende Teil der betreffenden $Fu\,(x, p)$ oder $(x, f)$ gezeichnet wird. Doch ist dieses von weit geringerer Bedeutung, als wenn für eine größere Spannweite die Tafel von Blondel-Nicolaus nicht mehr hinreicht.

Für einen solchen Fall läßt sich nun nach unseren obigen Darlegungen auch für diese Methode ein Ausweg finden. Wir haben, wie bekannt, in der Temperatur $t_f$ ein Mittel, den Übergang von der Maximalbelastung zu der Eigengewichtsbelastung zu bilden. Man bestimme auf der Ordinate, die der gegebenen Spannweite $x$ entspricht, den nach Gleichung (a) berechneten Durchhang bei $-5^{\circ}$ und Eislast mit $\varrho_{max}$ und $p_{max}$ und bezeichne den so konstruierten Punkt mit $t_f$, so ergeben sich Beanspruchung und Durchhang für jede andere Temperatur $t$ und für Eigengewichtsbelastung durch Addition der Temperaturdifferenz $t - t_f$ in der üblichen Weise. Die Richtigkeit dieses Verfahrens ist, nach den obigen Ausführungen, ohne weiteres klar.

Es kann dann davon abgesehen werden, die Kurventafeln von Blondel-Nicolaus für größere Spannweiten zu berechnen, als sie tatsächlich vorkommen.

Wenn man die Tabelle der $t_f$ für verschiedene Materialien im Kap. III benutzt oder ihre Größe aus dem Knotenpunktdiagramm abliest, so wird die Konstruktion nach dieser Methode kaum mehr Zeit in Anspruch nehmen, als die mit Zugrundelegung der fiktiven Spannweite. An Stelle der Berechnung der letzteren tritt die Berechnung des Durchhangs bei $t_0$ und Maximallast, welch letztere, wenn ihre Kenntnis erforderlich wird, bei der Methode Blondel-Nicolaus sowieso berechnet werden muß.

Mit Benutzung des Satzes, daß $t_f$ von der Spannweite unabhängig ist, ließe sich diese Methode noch weiter ausbilden, doch kann entsprechend unseren Ausführungen davon abgesehen werden.

Es sei noch bemerkt, daß für die Aufzeichnung der für die in dieser Abhandlung entwickelten graphischen Methode erforderlichen Kurvenscharen ohne weiteres dieselben Werte benutzt werden können, die für ein Kurvenblatt entsprechend Blondel-Nicolaus berechnet wurden; sie werden nur in einem anderen Koordinatennetz aufgezeichnet.

# Zu Tafel II.

Beispiel. Ein Draht soll bei der Spannweite 120 m so gespannt werden, daß er bei — 5⁰ und mit der Zusatzbelastung 0,015 kg/qmm und lfd. m (Verbandsnormalien) die Maximalbeanspruchung $p_{max} = 12$ kg/qmm aufweist. Wie stellen sich Beanspruchung und Durchhang bei irgend einer Temperatur ohne Zusatzlast („Montagediagramm")?

Lösung. Markiere auf dem Deckblatt (III) den Schnittpunkt **(Knotenpunkt)** des mit 0,015 bezeichneten Belastungsstrahls mit der mit $p_{max} = 12$ kg/qmm bezeichneten Beanspruchungsparallele; lege das Deckblatt so auf die Tafel II, daß die Abszissenachsen zusammenfallen und dieser Knotenpunkt auf die Beanspruchungskurve **(nicht** Durchhangskurve) für 120 m zu liegen kommt; dann gibt diese Kurve auf Grund des Koordinatennetzes des Deckblatts für jede Temperatur die gesuchten Beanspruchungen des Drahtes bei alleiniger Eigengewichtsbelastung an und gleichzeitig die Durchhangskurve für 120 m die zugehörigen Durchhänge.

Bem. Tritt die Maximalbeanspruchung nicht bei — 5⁰, sondern z. B. bei — 5 + 20 = + 15⁰ auf, so sind die Abszissenbezeichnungen je um 20⁰ zu erhöhen.

Der Durchhang bei der Temperatur des Knotenpunktes ist gleichzeitig der Durchhang bei — 5⁰ und Zusatzlast; der Maximaldurchhang tritt bei Knotenpunkten rechts von + 40⁰ in diesem letzteren Falle (nicht bei + 40⁰) ein und kann, als zu der Abszisse des Knotenpunktes zugehörig, mit dem Deckblatt abgelesen werden.

Bei Berechnungen, bei denen die Berücksichtigung einer Zusatzlast wegfällt, sind die Koordinaten des Knotenpunkts die Temperatur und die Beanspruchung, von denen ausgegangen werden soll. (Meist die niedrigste Temperatur und die Maximalbeanspruchung.)

Additional material from *Beanspruchung und Durchhang von Freileitungen,*
ISBN ,978-3-662-39242-3 is available at http://extras.springer.com